LUXEUIL ET SES BAINS.

Cet Ouvrage se trouve également :

A **DIJON**, chez ⎰ MM. LAMARCHE et DROUELLE, ⎱ libraires.
⎰ Mme Ve DECAILLY, ⎱

A **LYON**, chez M. C^h. SAVY, place Bellecour.

Dijon, imprimerie Loireau-Feuchot.

LUXEUIL
ET SES BAINS

Propriétés Physiques, Chimiques et Médicinales

DES EAUX MINÉRO-THERMALES DE LUXEUIL;

LEUR EMPLOI ET LEUR MODE D'ADMINISTRATION

DANS LES MALADIES QUI CÈDENT LE PLUS ORDINAIREMENT A LEUR ACTION:

Hygiène des Baigneurs pendant la Saison des Eaux;

AVEC

QUELQUES RECHERCHES HISTORIQUES

PROUVANT L'IMPORTANCE DE CETTE VILLE ET DE SES BAINS DANS L'ANTIQUITE
ET LE MOYEN AGE;

Par P.-J. Chapelain,

INSPECTEUR DE L'ETABLISSEMENT THERMAL,

Chevalier de la Légion-d'Honneur, Docteur en médecine de la Faculté de Paris,
Membre du Cercle médical de la même ville et de plusieurs
autres Sociétés savantes.

Aquæ urbes condunt. (PLINE.)

PARIS

A LA LIBRAIRIE ANATOMIQUE

RUE DE L'ÉCOLE-DE-MÉDECINE, 17;

ET A LUXEUIL, CHEZ M. MOUGEOT, LIBRAIRE.

1851.

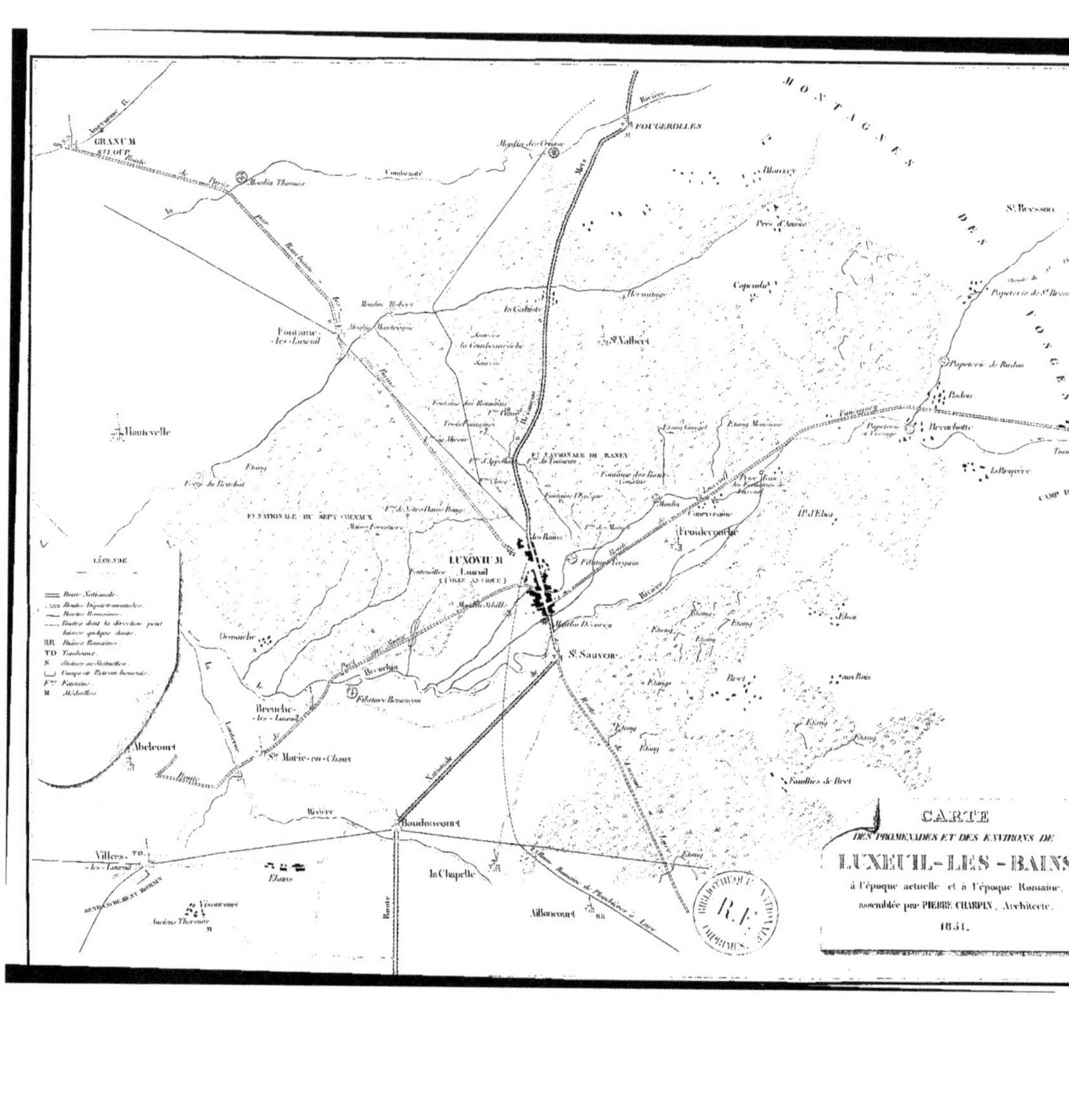

CARTE
DES PROMENADES ET DES ENVIRONS DE
LUXEUIL-LES-BAINS
à l'époque actuelle et à l'époque Romaine,
assemblée par PIERRE CHARPIN, Architecte.
1851.

A

M. Léon de Maleville,

Témoignage de Reconnaissance.

Chapelain.

Inspecteur de ce bel et important établissement, je dois faire tous mes efforts pour le maintenir au rang distingué qu'il occupe, qu'il doit à sa haute antiquité, à l'abondance de ses sources, et surtout à ses cures si nombreuses.

Les améliorations apportées dans le service depuis quelques années, les travaux de tous genres qui viennent d'avoir lieu, vont encore augmenter nos ressources et nous permettre de donner satisfaction à toutes les exigences.

Les fouilles qu'on vient de faire pour la captation de notre source ferrugineuse mettent à notre disposition une eau beaucoup plus chargée de principes minéralisateurs que l'ancienne, qui, depuis longtemps, était contaminée par des eaux étrangères. Cette source est maintenant d'une telle abondance, qu'il nous est possible d'établir une salle spéciale de bains d'eau ferrugineuse, qui, au moyen d'un procédé fort simple, arrivera thermalisée dans les baignoires disposées à cet effet, sans perdre aucune de ses propriétés curatives.

Les praticiens comprendront toute l'importance de ce nouveau bain. Ils savent quels sont les heureux effets qu'on en peut retirer dans la série si nombreuse des affections lymphatiques et dans un assez grand nombre de maladies atoniques et chroniques.

Si j'ai tardé à écrire sur les eaux de Luxeuil, c'est que j'ai voulu bien m'assurer de leurs véritables propriétés, afin de pouvoir dire avec certitude aux médecins qui me liront que les malades auxquels ils croiront devoir prescrire un traitement par les eaux trouveront à notre établissement tout ce qui peut en assurer le succès.

Je crois devoir commencer par donner un aperçu de l'histoire de Luxeuil dans l'antiquité, le moyen-âge et les temps modernes, dont les documents m'ont été fournis par les auteurs qui se sont le plus occupés de faire des recherches historiques sur les provinces formant l'ancien royaume de Bourgogne. Quelques-uns de ces écrivains ont appartenu à la célèbre abbaye de cette ville.

Après l'histoire de Luxeuil, je décrirai tout ce qui constitue l'établissement thermal. La belle analyse de toutes nos sources minérales faite en 1837, par M. Braconnot, de Nancy, membre correspondant de l'Institut, doit nécessairement trouver sa place dans cet ouvrage. Elle sera complétée par celle de notre nouvelle eau ferrugineuse, que vient de faire ce chimiste distingué. Je parlerai de la thermalité des eaux minérales en général, et j'indiquerai les propriétés médicinales de celles de Luxeuil. Je rapporterai quelques observations recueillies avec soin, que je ferai suivre d'un tableau synoptique indiquant les résultats obtenus sur tous les malades qui se sont confiés à mes soins depuis que je suis chargé de la direction de cet établissement. Je tracerai d'abord l'hygiène des baigneurs et les précautions à prendre pour retirer tout le fruit qu'on doit espérer d'un traitement par les eaux de Luxeuil, lorsqu'il est bien dirigé.

Je terminerai par l'indication des lieux qui méritent d'attirer plus particulièrement l'attention des étrangers, et qui doivent être choisis comme but de leurs promenades. Pour en faciliter l'itinéraire, j'ai placé en tête de l'ouvrage une petite carte pour guider les promeneurs partout où ils voudront se diriger. J'ai cru bien faire, pour les personnes que la science archéologique intéresse, de désigner sur cette carte les endroits où des objets d'antiquité ont été trouvés.

Etre utile, telle est mon ambition : trop heureux si je puis y parvenir, mériter la confiance de mes confrères et celle dont le gouvernement m'a honoré !

TARIF DE L'ÉTABLISSEMENT.

PRIX DU LINGE DANS LES BASSINS ET CABINETS.

Chemises de bain, Peignoir, une Serviette, Panier à linge de sortie :

Pour un bain seul.	»f 30 c
Pour un bain et une douche.	» 40
Pour douche et étuve sans bain.	» 30
Pour une serviette en plus.	» 05
Fond de bain.	» 20

Ceux qui désireront se servir de leur linge seront tenus de le faire chauffer, et paieront un tiers des prix portés au tarif ci-dessus.

PRIX DES EAUX.

Pour un bain à domicile... { Voiture » 60 / Eau » 40 / Linge » 25 }		1 25
Un bain en baignoire.		» 75
Un bain dans les bassins.		» 30
Bain médicinal, dit *de Barèges* (baignoire en bois). { Bain » 75 / Fournitures » 45 / Etuves » 50 }		1 70
Douches ordinaires.. { 5 minutes » 35 / 10 id. » 50 / 15 id. » 60 / 20 id. » 70 / 25 id. » 80 / Une demi-heure 1 10 }		
Douches écossaises, en plus des douches ordinaires.		1 10
Douche ascendante.		» 20
Chaise à porteur. { 1re course » 50 / 2e id. » » / Dans la même matinée » 25 }		

RECHERCHES HISTORIQUES

SUR

LUXEUIL ET SES BAINS.

LUXEUIL ANCIEN.

Les bornes dans lesquelles je suis obligé de me circonscrire ne me permettent pas de faire une histoire complète de la ville de Luxeuil, si intéressante par les vicissitudes et les faits dont cette antique cité fut le théâtre. Néanmoins, je crois être agréable à mes lecteurs, en en présentant une esquisse.

Pline, cet écrivain si judicieux, dit : *Aquæ urbes condunt;* c'est ce qui me porte à croire que l'origine de Luxeuil est due aux sources abondantes de ses eaux thermales, si recherchées et tant appréciées par les peuples anciens, qui recouraient à leurs salutaires propriétés, les regardant avec raison comme un des plus puissants moyens de guérir ou de soulager leurs infirmités.

Cette origine, antérieure à l'ère chrétienne, se perd dans la nuit des temps; aussi nous est-il impossible de rien préciser à cet égard. Nous ne pouvons nous appuyer sur l'histoire que 58 ans avant Jésus-Christ, époque où César, ayant vaincu Arioviste, envoya, sous le commandement de Titus Labienus, des légions prendre leurs quartiers d'hiver dans la *Séquanie-Supérieure* (Haute-Saône). Ce général y trouva des thermes en ruines, dans un endroit qu'il désigna sous le nom de *Lixovium* (1).

On sait que, chez les Celtes, les Druides étaient seuls les dépositaires de la science, et qu'ils remplissaient tout à la fois les fonctions de prêtres, de législateurs et de médecins. Je pense donc, avec beaucoup d'historiens, que c'est aux Druides qu'il faut attribuer la première édification des Bains de Luxeuil, dont l'étymologie, d'après le Glossaire de Ducange, indique évidemment une dérivation celtique : LI ou LIX signifie *eau* dans cette langue ; *lug-scu, eau chaude ;* et *louc-houl, eau du soleil.* C'est sans doute pour cela que les armes de la ville étaient un *soleil,* qu'elle portait dans ses bannières, et que l'on trouve encore sculpté sur ses anciens monuments.

Si les Romains étaient avides de conquêtes, ils respectaient généralement les institutions et les monuments des peuples vaincus, qu'ils faisaient participer à leur civilisation ; et, lorsqu'ils apportaient quelques modifications à leurs établissements publics, c'était pour y substituer leur goût national de magnificence et de grandeur.

(1) Plus tard on se servit du mot *Luxovium.*

On sait quelle était leur prédilection pour les bains en général; aussi, dès que César eut détruit l'armée des Suèves et forcé Arioviste, leur chef, à s'enfuir au-delà du Rhin, s'empressa-t-il de donner l'ordre, à son lieutenant Labienus, de réparer les thermes de Luxeuil, pour le soulagement de ses soldats fatigués des luttes qu'ils venaient de soutenir.

Un témoignage irrécusable de la réédification des Bains de Luxeuil par Labienus est une inscription gravée sur une pierre découverte dans des fouilles faites aux bains, le 23 juillet 1755, qui fut déposée dans la muraille d'une salle de l'ancien Hôtel-de-Ville. L'original du procès-verbal de cette précieuse découverte, dressé par les autorités municipales de l'époque, est conservé dans les archives de la ville.

Voici cette inscription :

LIXOVII THERM.

REPAR. LABIENVS.

IVSS. C. IVL. CAES.

IMP.

que l'on doit lire ainsi : *Lixovii thermas reparavit Labienus, jussu Caii Julii Cæsaris imperatoris* (1).

______

(1) Cette pierre était dans le bassin d'un ancien bain romain, à 1 mètre 20 de profondeur, où la place de chaque baigneur était taillée dans le roc, en forme de stalle. Cette inscription était mêlée à des tuiles brisées, du plomb fondu, du cuivre, du charbon, qui annonçaient les dégâts produits par un incendie. Dans le même bassin, on trouva encore : 7 médailles de J. César; 1 de Labienus ; 4 d'Auguste; 1 de Tatilla, en argent ; 5 de Tibère; 6 de Claude; 3 de Constantin-le-Grand, en bronze.

Plusieurs autres inscriptions, trouvées tant aux bai
que dans les environs, et sur les bords de la rivière (
Breuchin) qui passe à Luxeuil, prouvent que les hab
tants rendaient un culte à une certaine déesse *Brici*
qui n'existe point dans la mythologie romaine, mais q
paraît avoir été en grande vénération dans cette partie
l'ancienne Séquanie. Plusieurs savants pensent que cet
divinité locale n'est que le *Breuchin*, dont les eaux fra
ches, poissonneuses et limpides avaient attiré la vén
ration et la reconnaissance des Gallo-Romains au poi
de lui élever un temple; car on sait qu'ils honoraie
d'un culte particulier les rivières et les fontaines. Plii
dit à ce sujet : *Augent numerum deorum aquæ nomii
bus variis.*

Minutius Felix et Tertulien rapportent que chaq
peuple avait son dieu tutélaire : *Bricia* n'était-elle pas
déesse tutélaire de Luxeuil?

Quoi qu'il en soit, voici une autre inscription déco
verte le 11 mai 1781, au nord du Grand-Bain actue
près de l'endroit où se trouvait le temple de *Brici*
Cette pierre, sur laquelle est gravée l'inscription s
vante, était également à l'hôtel-de-ville, à côté de la pr
cédente :

DIVA. AVXI.

BRICIA. REG.

CAE. AVG.

COS.

TIB. ET PIS.

DEDICATV.

TEMPLVM.

qu'il faut lire : *Divæ auxiliari Briciæ, regnante Cæsare Augusto, consulatu Tiberii et Pisonis, dedicatum templum* (1).

Ce fut donc 50 ans après la réédification des thermes par Labienus, et un peu avant la naissance de Jésus-Christ que ce temple fut élevé.

Les noms de Luxeuil et Bricia sont encore réunis sur une troisième pierre, trouvée aux bains en 1777, parmi des fragments de chapiteaux, fûts de colonnes et autres débris d'un édifice considérable, à l'endroit désigné par quelques antiquaires comme l'emplacement d'un temple consacré à Hygie, où coule maintenant la jolie fontaine de cette déesse de la santé. Cette pierre votive est en la possession de M. Boisselet, neveu de M. le colonel Fabert, qui a recueilli beaucoup d'objets curieux d'antiquité.

Le premier mot de cette inscription n'est pas complet, parce que les ouvriers en la découvrant en détruisirent les trois premières lettres.

...SOIO

ET BRICIAE

DIVICTI

VS CONS

TANS

V. S. T. M.

En rétablissant le premier mot, on doit lire : *Lossoio et Briciæ Divictius Constans votum solvit tempore me—*

(1) La véritable place de ces deux monuments devait être aux Thermes, dont ils attestent la haute antiquité ; aussi, d'après ma demande, ont-ils été transportés dans une de ces salles.

dente. Ces quatre derniers mots se traduisent : ... *a rempli son vœu pendant le temps de la maladie* (1).

Je pourrais indiquer quelques autres découvertes de ce genre ; mais je dois ménager les citations.

Ces trois inscriptions nous montrent *Luxovium* et *Bricia* comme sujets d'une égale vénération de la part des malades ; ce qui semble indiquer que, si les Gallo-Romains faisaient un fréquent usage des bains chauds, désignés dans la première inscription par le nom de *Lixovium*, ils recouraient aussi aux eaux fraîches du Breuchin, *Bricia*, pour recouvrer la santé.

Luxeuil a été tant de fois le théâtre de la guerre, et ravagé par tant de torrents de peuples barbares, qu'on ne trouve plus à la surface du sol les vestiges des monuments élevés par la munificence romaine. Les premiers chrétiens qui vinrent l'habiter, mus par un zèle religieux mal entendu, achevèrent de détruire ce qui avait échappé à la fureur des Barbares, se faisant un mérite devant Dieu de renverser tout ce qui pouvait rappeler le paganisme. C'est dans le sein de la terre seulement que se trouvent les restes précieux échappés au fanatisme, ou à la dévastation des peuples du nord. Ils y sont en telle quantité, qu'à chaque instant la pioche met à découvert les preuves de l'ancienne importance de cette ville.

Les bains actuels, à la surface de la terre, n'offrent plus de traces des travaux exécutés par les Romains.

---

(1) On a trouvé à Lyon le tombeau d'un *Divictius*, qui est qualifié du titre de *civis sequanus :* serait-ce le tombeau du *Divictius Constans* qui a laissé à Luxeuil la pierre votive témoignage de sa reconnaissance?

Mais, dans les fondations, les vestiges en existent encore en plusieurs endroits, et reposent sur un massif de ciment composé de chaux, de briques et de rocailles de toutes espèces. Lors de leur réédification, en 1764, il était facile de reconnaître que des travaux de fondation avaient eu lieu antérieurement à l'arrivée des soldats de Labienus dans le pays, et qu'ils ne pouvaient avoir été exécutés que par les Celtes. Ces restes consistaient en d'énormes pierres grossièrement taillées au marteau, tandis que ceux des Romains annoncent plus de goût et d'art, et sont liés avec le ciment qui n'a été connu que par eux.

Il existe à l'ouest et au nord des bains un aqueduc de construction romaine, creusé dans le roc, pour recevoir les eaux souterraines qui n'étaient pas thermales. Un grand canal, dont une partie nous vient aussi des Romains, passe sous la route de Saint-Loup, pour servir à l'écoulement des eaux des bains et de celles de l'aqueduc.

Pendant les travaux préparatoires à la construction des bâtiments qui existent aujourd'hui, on découvrit les restes de deux grandes salles voûtées en tuf, pavées en albâtre et en mosaïques dont on voit des échantillons dans le cabinet de M. Boisselet. L'une de ces salles était située à l'ouest, derrière le Bain-Neuf actuel ; l'autre, plus au nord, s'étendait du Grand-Bain à celui des Cuvettes.

Il y a quelques années on trouva, derrière le Bain-Gradué, trois bassins, dont deux de forme circulaire ; l'autre était un quadrilatère oblong. Ces trois bassins, dans lesquels on descendait par des degrés, étaient également pavés en albâtre.

Il est probable que les thermes furent l'objet principal que se proposèrent les premiers fondateurs de Luxeuil. Toutes les fouilles faites dans les environs, et les traces qu'on a trouvées des anciennes limites de la cité gallo-romaine, indiquent que les bains étaient placés au centre de la ville; qu'elle avait une forme allongée, dont la plus grande étendue était de la porte du sud à celle du nord, distantes l'une de l'autre d'à-peu-près 1,200 mètres (1); qu'elle était entourée d'une muraille et défendue par deux forts, l'un à l'ouest, tout près des Thermes, l'autre à l'est, vers l'emplacement où se trouve maintenant le Collége.

Deux voies romaines aboutissaient à Luxeuil : la première se divisait en deux branches, l'une au nord, passant par Fougerolles, se dirigeait sur Epinal, et de là vers la Belgique; l'autre branche conduisait à Langres *(Andematunum)*, passait par Saint-Loup, Demaugevelle, Corre, etc. Cette voie est encore très-visible à Fontaines et dans la commune d'Aujeux, au château de la Sarrasinière, où l'on peut remarquer la solidité de son encaissement. La deuxième communiquait avec Mandeure *(Epamanduodurum)*, auprès de Montbéliard.

(1) En 1740, à l'emplacement de la porte du sud, tout près de l'ancien hôtel-de-ville, sous de très-grosses pierres qui avaient servi de fondations à l'ancienne porte, on trouva plusieurs médailles de Vespasien; ce qui fait présumer qu'elle avait été construite sous le règne de cet empereur. Cinq ans après, on découvrit, au fond de la prairie qui est derrière les bains, les restes de l'ancienne porte du nord, avec des gonds énormes, enfoncés dans la pierre à la profondeur d'un pied.

On en trouve encore des traces dans les bois intermédiaires de Luxeuil à Lure, surtout dans ceux de la commune de La Chapelle (1). On y a déterré des bornes milliaires, dont quelques-unes portaient les initiales : D. S. P. F. C., signifiant : *De sua pecunia faciendum curavit.*

En 1763, sur la place du marché, lors de la démolition des deux petites chapelles de Saint-Jacques et de Saint-Léger, on découvrit les restes d'un temple de Mercure-Gaulois. A la suite de ces démolitions on recueillit, sous les décombres, une grande quantité de bas-reliefs et de statues, entre autres le torse de l'ancien dieu, reconnaissable à la bourse et au caducée qu'il tient à la main. Ce précieux reste d'antiquité, d'un très-beau travail, est maintenant incrusté dans le mur d'un jardin appartenant à la famille de M. Clerc, ancien inspecteur de l'établissement des bains.

En 1784, à la suite de fouilles faites dans l'ancienne cour de l'abbaye, vis-à-vis le cloître, on trouva un grand nombre de bases et de chapiteaux de colonnes d'une grande dimension, de bas-reliefs et de statues représentant des prêtres gaulois et autres personnages dont la tête était surmontée d'un croissant. Ces statues et tous ces débris réunis indiquent évidemment l'emplacement d'un temple, et qu'il avait été consacré à Diane.

Enfin, un peu plus haut, sur la place de la Baille, on a découvert des chapiteaux et autres débris de colonnes en si grande quantité, que tout fait présumer que là aussi s'élevait un temple. Mais on n'y a trouvé aucun attribut

(1) Voir le tracé de ces voies romaines sur la Carte placée en tête de cet ouvrage.

qui pût indiquer quelle en était la divinité. Ces trois derniers temples étaient situés *extra muros.*

Le *Champ-Noir* (Champ du repos), où les Romains in-
humaient leurs morts, était situé entre ces trois temples
et les murs de la ville, sur un vaste terrain dont une
petite partie forme la place Saint-Martin actuelle. Sur
cette place et dans les rues adjacentes, chaque fois qu'il
y a nécessité de creuser à un ou deux mètres, on trouve
des pierres tumulaires qui, dans quelques endroits, sont
disposées sur trois ou quatre rangs de hauteur. Ceux de
ces tombeaux qui sont le plus superficiellement placés
sont évidemment des sépultures chrétiennes, faciles à reconnaître à la croix gravée sur la plupart. Il n'y a qu'un
très-petit nombre de ces tombeaux qui portent des inscriptions.

Dans la disposition de ces tombeaux chrétiens on a
la preuve que la nouvelle religion cherchait à effacer les
traces de l'ancienne, en recouvrant de ses sépultures
celles des païens, comme les églises s'élevaient sur les
ruines des anciens temples.

Les tombeaux placés au-dessous des sarcophages
chrétiens étaient la plupart ornés de sculptures représentant les personnages qu'ils renfermaient. Tous portaient
des inscriptions indiquant le nom du mort, et quelques-
uns celui de la personne qui avait élevé le monument.
On y voit toujours les lettres M. D. *(Diis Manibus);* ce
qui prouve que ces tombeaux étaient païens, et sous l'in-
vocation des dieux mânes. Dans un de ces tombeaux gi-
sait un squelette d'homme assez bien conservé, que M. le
colonel Fabert a donné, en 1837, à M. Geoffroy Saint-

Hilaire, qui désirait en faire un sujet d'étude d'anthro-
pologie, en comparant la charpente osseuse de l'homme
d'aujourd'hui avec celle d'un contemporain probable de
Trajan, car une très-belle médaille de cet empereur se
trouvait dans le tombeau qui renfermait le squelette, où
il reposait depuis plus de dix-sept siècles. La médaille
est en la possession de M. Boisselet.

Il serait trop long et tout-à-fait hors des limites que
je suis obligé de m'imposer, d'énumérer la grande quantité des tombeaux païens ou chrétiens du moyen-âge
trouvés sous le sol de Luxeuil, chaque fois qu'on l'a re-
mué ; cependant je ne puis me dispenser de dire un mot
sur la dernière découverte d'objets de ce genre :

Au mois de novembre 1845, en creusant les fondations d'une maison de la rue qui mène à la route de
Breuche, on mit à découvert trois dessus de tombeaux
gallo-romains ; puis, en étendant la fouille du côté de
l'ouest, on en découvrit dix-sept autres et quelques tron-
çons de colonnes. M. le colonel Fabert a publié sur
cette découverte une Notice accompagnée de gravures
au trait.

Ces monuments, remontant incontestablement aux
quatre premiers siècles de l'ère chrétienne, portent tous
le cachet de leur époque. Ils représentent des personnages
dont la plupart, comme presque tous ceux trouvés à
Luxeuil, paraissent avoir appartenu au sacerdoce du
paganisme, si l'on en juge par la coupe et la cassolette
(cistum) dont ils sont munis, lesquelles servaient aux
libations et renfermaient les parfums employés dans les
sacrifices. Le costume de ces prêtres se compose de la

tunique *(sagum)*, qui ne leur descend qu'à mi-jambes, et d'un manteau qui se drape, chez quelques-uns, assez élégamment. La seule de ces pierres n'ayant pas de sculptures (et cependant peut-être la plus intéressante) portait le nom de *Censorinus*, dont la famille donna des augustaux à la cité d'Avenches. Quelques-unes des inscriptions gravées sur ces pierres sont encore recouvertes d'une couleur rouge assez bien conservée, pareille à celle que j'ai vue à Rome sur des pierres votives et cinéraires formant l'immense collection du corridor des inscriptions qui conduit de la bibliothèque du Vatican au musée Chiaramonti.

Ces pierres sépulcrales, jetées pêle-mêle sous l'ancienne enceinte des murailles de la ville, avec des débris de colonnes, des morceaux de bois à moitié brûlés, etc., semblent indiquer qu'elles y avaient été déposées pour servir de remblais, à la suite d'une des dévastations dont cette malheureuse ville eut tant de fois à souffrir.

Tous ces bas-reliefs ont été transportés, avec d'autres débris antiques, dans le jardin du salon des Bains, pour y être exposés à la curiosité publique.

On a aussi trouvé dans le voisinage des Bains et sur les bords du Breuchin des urnes en terre cuite, remplies d'os calcinés et de cendres, sur lesquelles étaient des caractères bien conservés. Ces urnes cinéraires étaient mêlées avec beaucoup de tuiles de grande dimension, portant le numéro de la légion romaine qui les avait fabriquées.

Apollon, qui personnifiait l'astre que Luxeuil portait dans ses armoiries, avait sa statue élevée près des

Thermes, à l'emplacement où est située la fontaine du faubourg des Romains. Le piédestal de cette statue a existé jusqu'en 1749. Quelques savants prétendent que là se trouvait un temple dédié à Hercule. Cette opinion provient, sans doute, de ce que les Grecs avaient fait du dieu de la force le protecteur des eaux thermales. Si ce temple a jamais existé, n'aurait-il pas plutôt été élevé en l'honneur d'Apollon, que les Romains regardaient comme le protecteur des eaux et des forêts, et dont la statue a été conservée si longtemps à cette place?

En 1741, des ouvriers qui travaillaient au pavé de ce faubourg, à quelques mètres du piédestal de la statue d'Apollon, découvrirent, sur une très-grande étendue, les restes d'un long péristyle dont les bases de colonnes, d'une grande dimension, subsistent encore profondément enfoncées sous terre. Des archivoltes, des débris de fûts de colonnes, des chapiteaux d'ordre ionique annoncent que là se trouvait le gymnase. Les Romains plaçaient aussi les gymnases de leurs thermes sous la protection d'Apollon; c'est ce qui explique la présence de la statue de ce dieu en cet endroit. Ces gymnases étaient toujours à la proximité des thermes, pour la récréation de ceux qui les fréquentaient.

La disposition des terrains voisins permettait que ce gymnase fût entouré de jardins et de belles promenades, pour que les personnes qui s'y rendaient pussent se livrer aux jeux qui exigeaient de l'exercice. Galien, Pline, Avicenne et autres s'accordent à dire que ceux qui faisaient un fréquent usage des bains et de la gymnastique devenaient très-robustes; que la convalescence des ma-

lades était de courte durée, et que bientôt ils jouissaient
d'une vigoureuse santé. Les belles forêts voisines du
gymnase et des thermes offraient aussi l'abri de leurs
ombrages, et, disent les historiens, de longues avenues
ornées de statues en pierres représentant les héros et les
dieux du paganisme.

Je pourrais ajouter à ce que je viens de dire sur les
antiquités de Luxeuil la description de beaucoup d'autres objets de cette espèce, et parler des statues en pierre,
en marbre et en bronze découvertes sous le sol de
Luxeuil et des environs, ainsi que de l'immense quantité de médailles celtiques, gauloises, romaines, etc.,
tant en or qu'en argent et en bronze. Ces dernières s'y
trouvaient en telle profusion, qu'on peut croire qu'elles
y ont été déposées à dessein, pour perpétuer le souvenir
du grand peuple, maître alors de la plus grande partie
du monde connu.

Presque tous ces objets d'antiquité ont été enlevés par
des amateurs étrangers; cependant on a encore pu en
recueillir assez pour que sept cabinets fussent formés de
ces sujets de curiosité, par des habitants de Luxeuil. On
y voyait des pierres gravées, des mosaïques; des bijoux
en or, en argent et en cuivre; des camées, des armes,
des lacrymatoires, des vases, des poteries sur lesquelles
se trouvaient des bas-reliefs représentant des fêtes, des
combats de gladiateurs, des triomphes, des courses, des
chasses, etc. Tous ces cabinets ont disparu avec leurs
fondateurs. Il n'en reste plus qu'un seul, celui formé par
le colonel Fabert, commencé par son père, ancien médecin-inspecteur de l'établissement thermal. Ce cabinet,

religieusement conservé par M. Boisselet, descendant de
ces deux savants, contient des débris intéressants d'antiquités, dignes de la curiosité et de l'intérêt de ceux qui
se livrent à ce genre d'études.

La fouille qui vient d'être faite à notre source ferrugineuse nous donne la preuve que la mine des richesses
archéologiques enfouie dans le sol de Luxeuil est loin
d'être épuisée. Au fond de la tranchée, on a découvert
des objets d'antiquité qui doivent former le noyau d'un
musée que Luxeuil devrait posséder depuis longtemps.
Ces objets, recueillis par les soins de M. Vergain, maire
de la ville de Luxeuil, sont : 1° six agrafes *(fibules)* de
différentes formes, deux desquelles ont leur fermoir en
spirale pour leur donner plus d'élasticité ; 2° une clef en
bronze très-bien conservée ; 3° une cuillère ronde du
même métal, qui, je crois, servait aux parfums ; 4° une
pince ; 5° un anneau déformé ; 6° un petit panneau en
bronze, incrusté de jolies arabesques en argent ; 7° quatre aiguilles, servant probablement à la parure des dames romaines : une de ces aiguilles est percée d'un trou,
comme celles des emballeurs ; 8° cinq styles, avec lesquels les anciens écrivaient sur des tablettes enduites de
cire : une des extrémités est aplatie en forme de petite
spatule, pour effacer les fautes à corriger ; ce qui rappelle ce vers d'une satire d'Horace :

> Sæpe stylum vertas, iterum quæ digna legi sint
> Scripturus.....

Presque tous les objets que je viens de citer sont fa-
briqués avec un alliage plus dur et plus élastique que le

cuivre, l'or ou l'argent. Les ardillons des agrafes sont aussi acérés que s'ils sortaient des mains de l'ouvrier.

Des médailles romaines de différentes époques ont été aussi trouvées dans cette fouille. Elles sont en bronze, excepté une de Lucius Verus, petit module, qui est en argent. Ces médailles, ainsi que les objets en métal cités plus haut, qui touchaient à l'eau ferrugineuse, sont d'un beau brillant et ne présentent aucune trace d'oxidation.

On a aussi recueilli une grande quantité de débris de belles poteries, portant des sculptures qui représentent différents personnages, des animaux, des fleurs, des oiseaux, des arabesques, etc. Ces poteries, faites avec de l'argile pure, préparée avec soin, portent sur le fond le nom des fabricants, et, quoique recouvertes de terre depuis quinze à dix-huit siècles, elles n'en conservent pas moins leur poli et leur belle couleur rouge. Les quatre vases entiers qu'on a trouvés dans cette fouille sont d'une jolie forme et bien conservés; mais ils sont en terre grise, très-inférieure à celle de couleur rouge dont les Romains fabriquaient leur poterie fine.

Un puits, paraissant de construction romaine, est pratiqué dans le roc à une profondeur d'un mètre et demi. La source ferrugineuse jaillit du fond de ce puits, qui était entouré d'un massif de terre glaise de plus d'un mètre d'épaisseur, pour que les eaux étrangères ne vinssent pas se mêler à celle de cette source. A la partie supérieure est adapté un conduit en plomb, aussi d'origine romaine, de 35 centimètres de circonférence. Ce conduit, ayant un peu plus de longueur que l'épaisseur du massif de terre glaise, s'adaptait à un autre conduit en bois de chêne, dans lequel il versait l'eau ferrugineuse. L'autre extrémité de ce conduit en chêne aboutissait à la cuvette placée derrière le bain des Capucins ; mais il n'y amenait qu'une petite partie de l'eau de la source ferrugineuse, parce qu'il était détruit en plusieurs endroits.

Les débris de l'antique Luxeuil annoncent que c'était une ville importante sous la domination de ses premiers conquérants, qui se complurent à l'embellir pendant cinq siècles. Mais l'heure de la destruction arrive ; et bientôt cette brillante et populeuse cité ne sera plus, pendant un grand laps de temps, qu'une solitude couverte de décombres, où, comme le rapporte Jonas, dans son histoire de saint Colomban, « tout cela avait dé-
« généré en une demeure de bêtes féroces, d'ours, de
« loups et d'autres animaux, et présentait un désert af-
« freux, que la fureur d'Attila avait rendu tel, depuis
« que, suivant les sentiments de sa vengeance, il avait
« fait passer les habitants de Luxeuil au fil de l'épée et
« renversé tous les murs de cette *grande ville*. »

Depuis l'arrivée des Romains dans le pays jusqu'à la fin de leur domination, deux fois déjà cette ville avait été sur le point de subir une ruine complète. Les peuples d'au-delà du Rhin, qui convoitaient la riche Séquanie, y faisaient de fréquentes irruptions, et ravageaient tout ce qui se trouvait sur leur passage. Ces belles voies romaines, construites à si grands frais, dans un but de civilisation, pour répandre l'abondance et les richesses dans toutes les provinces gallo-romaines, en facilitèrent aussi l'invasion par les Barbares, qui en profitaient pour le transport de leurs chariots de guerre, et les faisaient parvenir sûrement dans les plus opulentes cités; tant il est vrai que les meilleures choses servent bien souvent à produire le mal!

Un des plus grands débordements de ces bandes dévastatrices eut lieu vers l'an 275. Un autre plus terrible encore arriva dans le milieu du 4e siècle. Ce dernier menaçait de tout renverser, ayant déjà détruit un grand nombre de villes et de châteaux, lorsque Julien, qui se trouvait alors sur les bords du Rhône, à Vienne, marcha à leur rencontre, les repoussa, battit enfin ces barbares près de Strasbourg, et força les débris de leur armée à repasser le Rhin.

Cette partie de la Gaule, après la victoire de Julien, put respirer librement pendant à peu près un siècle. Les villes et les châteaux furent relevés; les campagnes se couvrirent encore de riches moissons. Mais, en 450, le plus cruel guerrier que le nord ait vomi, le farouche Attila, roi des Huns, après avoir ravagé presque toute la Germanie, à la tête de soldats non moins cruels que leur chef, se rua sur la Séquanie. Ce terrible dévastateur, qui, dans son fol orgueil, se qualifiait du titre de *fléau de Dieu*, et se vantait que *son cheval ne foulait aucune terre sans que l'herbe cessât d'y croître*, détruisit de fond en comble les principales villes de cette riche province (1). Les historiens signalent Besançon, Langres

______

(1) Le fameux Attila apparaît dans les traditions moins comme un personnage historique que comme un mythe vague et sensible, symbole et souvenir d'une destruction immense (*Histoire de France* par M. Michelet, t. I, page 183).

et Luxeuil comme les villes dont la splendeur et les richesses avaient particulièrement excité la cupidité de ces hordes sauvages.

La civilisation de ces contrées succomba avec la puissance romaine. Luxeuil fut entièrement saccagé : temples, palais, thermes, gymnase, etc., tombèrent sous la hache destructive des soldats d'Attila. Cette malheureuse ville était ensevelie sous ses décombres, quand un homme célèbre dans les annales chrétiennes, recommandable par ses lumières et la sainteté de sa vie, vint la retirer de l'oubli dans lequel elle était plongée depuis près d'un siècle et demi.

S. Colomban, désigné par les historiens du moyen-âge sous le nom de *Columban* ou de *Colum*, était un jeune prêtre irlandais, rempli de piété et du désir de s'instruire. Fuyant le monde, il chercha dans son pays un lieu de retraite où il pût se livrer à la vie monastique ainsi qu'à l'étude des belles-lettres et des livres sacrés. L'abbaye de *Bencor* était alors en grande réputation ; c'est pourquoi il s'y retira, et, après y avoir puisé une science profonde, il la quitta et commença sa carrière de prédicateur chrétien, d'abord dans sa patrie, que l'on nommait alors l'*Ile d'Erin;* puis il vint établir une école dans l'île d'*Iona,* une des Hébrides, et un couvent d'hommes pauvres et fervents comme lui.

Après avoir converti beaucoup de gens chez les Scots et chez les Picts, il se rendit dans les Gaules en 575, avec douze de ses compagnons, afin d'y prêcher la foi chrétienne. Ces hommes se dirigèrent vers l'Austrasie et furent

reçus, par les ordres du roi Sigebert, au château d'Annegray, où ils restèrent pendant quelque temps. Ce fut
pendant son séjour à Annegray que Colomban sollicita
et obtint de Gontran, roi de Bourgogne, la permission
de fonder une abbaye dans les environs. L'endroit choi-
si était situé à quatre lieues de là, au pied des Vosges, près d'une source d'eau thermale entourée d'une
grande quantité de ruines, et désigné sous le nom de
Luxovium.

En arrivant dans ce pays, Colomban et ses compagnons y trouvèrent un humble prêtre nommé *Vinocus*,
qui s'efforçait d'instruire des vérités de la religion chrétienne les pauvres bûcherons et les chevriers, seuls habitants de ces régions sauvages.

Dans peu de temps le pieux établissement de Colomban acquit une si grande réputation de sainteté et une
telle célébrité, que Théoderik (Theuderic), roi des Francs
orientaux, attiré par le bruit public, vint visiter les
étrangers et leur demander des prières. Colomban, peu
habitué à ménager les puissants du siècle, fit au visiteur
des remontrances sévères sur ses mœurs et sur sa mau-
vaise vie. Ces reproches déplurent moins au roi qu'à son
aïeule, à cette même Brunchild (Brunehaut) qui, pour
gouverner plus sûrement son petit-fils, l'éloignait et
le dégoûtait du mariage, lui procurant elle-même les
moyens de se livrer à toutes espèces de débauches. A
l'instigation de cette reine, une accusation d'hérésie fut
portée devant un concile d'évêques contre l'homme qui
avait osé se montrer si sévère sur la moralité du prince.
Il fut condamné par sentence unanime et banni de la

Gaule avec ses compagnons (1). Après avoir voyagé en différents endroits, il passa en Italie, où, sous la protection d'Agilulphe, roi des Lombards, il bâtit le monastère de *Bobbio,* au pied des Apennins, dans lequel il termina une vie si bien remplie (2).

Avant de quitter son monastère de Luxeuil, Colomban y avait semé les germes de la science et des vertus de la foi nouvelle. Il y avait établi une règle dans laquelle l'esprit prévaut sur la chair; règle qui, suivie par ses successeurs, contribua puissamment à la propagation des lumières et à celle d'une nouvelle civilisation fondée sur une religion d'amour et de charité. La règle de Colomban prescrivait l'obéissance en toutes choses, le silence absolu, le jeûne, la prière et le travail. Certaines heures étaient consacrées à l'étude et d'autres au travail des mains : un des plus ordinaires fut de transcrire les meilleurs livres (3). Aussi la bibliothèque de l'abbaye était-elle riche en beaux et rares manuscrits, dont malheureusement beaucoup ont été détruits dans les différents saccagements de Luxeuil. Ce qui restait de ces précieux débris échappés à la tourmente révolutionnaire a

(1) Voyez : *Histoire de la Conquête de l'Angleterre par les Normands,* par Augustin Thierry, Paris, 1836, t. I, page 108; et Michelet, *Histoire de France,* t. I, page 247.

(2) C'est à saint Colomban qu'on doit la fixation de la fête de Pâques au 14e jour de la lune. Dans une lettre qu'il écrivait à ce sujet au pape Grégoire-le-Grand, il dit : *Les Irlandais sont meilleurs astronomes que vous autres Romains.* Un Irlandais, Virgile, évêque de Saltzburg, disciple de saint Colomban, affirma le premier que la terre était ronde et que nous avions des antipodes.

(3) Voyez, pour plus de détails de la règle de saint Colomban : *Un Souvenir, ou l'Ermitage de Saint-Valbert,* par M. l'abbé Clerc, professeur de rhétorique au petit séminaire de Luxeuil, page 55.

servi à enrichir ou à fonder plusieurs autres bibliothè-
ques, entre autres celles de Vesoul et du petit séminaire
de Besançon (1).

L'illustre exilé, en se retirant, transmit la direction
du monastère à saint Eustase, né d'une des plus nobles
familles de la Séquanie. Animé d'un zèle apostolique,
il entreprit la conversion des Varasques, peuple voisin
qui habitait sur les bords du Doubs, et dont quelques-uns étaient encore idolâtres. Sa ferveur le fit
pousser plus loin ses conquêtes; car ses prédications
s'étendirent jusqu'en Bavière, où il répandit les bonnes
doctrines.

Dans le concile de Mâcon, en 623, il défendit avec
autant de force que d'éloquence la règle de saint Colomban attaquée par Augustin, moine transfuge de
Luxeuil.

A la mort de saint Eustase, arrivée en 625, saint Valbert fut nommé 3ᵉ abbé de Luxeuil. C'était un noble Sicambre, qui avait renoncé aux honneurs et à la vie militaire pour se livrer à la prière et à l'étude dans la vie
monastique.

A cette époque, l'abbaye avait acquis une très-grande
importance : le nombre de ses cénobites s'élevait déjà à
neuf cents. Bientôt le monastère comprit l'enceinte de
la ville et les faubourgs; encore ne suffisait-il pas à la

---

(1) Un grand nombre de savants venaient y puiser les éléments de
leurs ouvrages : Bossuet s'enferma pendant huit jours dans ce sanc-
tuaire de la science. Il laissa, comme souvenir de la bienveillante hospitalité des pères Bénédictins, une belle chasuble, qui est encore conservée à l'église paroissiale.

foule d'étrangers qui y affluaient de toutes parts. Les familles les plus distinguées de toutes les parties de l'Europe fournissaient des élèves à cette abbaye, où il y avait collége, université, académie, séminaire, et, pour professeurs, des savants du premier mérite. Ce fut la première abbaye qui eut le droit de frapper monnaie, de faire grâce et celui de préséance.

Il ne peut entrer dans mon sujet de faire l'énumération de tous les hommes distingués sortis de cette école célèbre. Une foule d'évêques, de cardinaux, d'hommes d'Etat, etc., y furent élevés. Beaucoup d'entre eux obtinrent un rang distingué dans la république des lettres; d'autres occupèrent les premières dignités de l'Eglise et de l'Etat. Un grand nombre d'abbés des monastères étrangers venaient aussi y puiser la science, pour de là aller fonder d'autres établissements religieux et des académies.

L'abbaye de Luxeuil ne fut pas seulement célèbre pour avoir été la pépinière d'où sortirent tant de saints personnages et de savants distingués; comme celles de Saint-Denis, de Chelles et de Jumièges (1), elle donna asile aux puissances déchues, que les révolutions de ces temps de barbarie précipitaient du faîte des grandeurs. S. Léger, évêque d'Autun, et Ebroin, qui tous deux avaient été maires du palais de Neustrie, y furent renfermés. Moréri, dans son grand *Dictionnaire historique,* prétend

(1) Saint Philibert, premier abbé de Jumièges, vint se perfectionner à Luxeuil. Toutes les églises lui demandaient des chefs, voulant être gouvernées par des hommes instruits à cette savante école (*Ann. Mab.,* t. 1, pag. 650).

que le roi Childéric III, après sa déposition, y fut aussi
détenu pendant quelque temps.

Cette abbaye, enrichie par les dons des princes et des
rois, jouit de tous les droits qui lui avaient été conférés
jusqu'en 1535, époque à laquelle François de la Pallu,
abbé de Luxeuil, abdique son droit de souveraineté en
faveur de Charles-Quint, sous la réserve que le bail-
liage serait à l'instar des bailliages royaux. L'empereur vint lui-même en prendre possession l'année
suivante.

Dès lors une puissance rivale s'éleva à côté de l'abbaye, entra en litige avec elle, s'empara de la police, lui
enleva les thermes, qui avaient repris de l'importance,
et finit par la dépouiller entièrement de ses immenses
propriétés; ce qui fut consommé à la révolution de 89.
Cette rivale, c'est la ville de Luxeuil, dont l'histoire, depuis la fin du 6ᵉ siècle, ne fut longtemps que celle de
l'abbaye.

Des documents qui se trouvent dans les archives de
la ville prouvent que l'inquisition existait à Luxeuil
avant l'adjonction de la Franche-Comté à la France.
A dater de cette époque, ce terrible tribunal y fut
aboli.

Vers la fin du 16ᵉ siècle, le Protestantisme avait des
partisans à Luxeuil; mais il ne put s'y établir, grâce au
cardinal de Granvelle, le plus rude adversaire de la Ré-
forme. Cent ans après, lorsque cette ville se rendit au
marquis de Rénel, on craignait encore ces germes d'hérésie, puisque le premier article de la capitulation sti-
pulait que : « La religion catholique, apostolique et ro-

maine sera conservée dans sa pureté et *sans aucune li-berté de conscience.* »

Luxeuil, comme toute la Franche-Comté, se soumit aux armes heureuses de Louis XIV, et appartint définiti-vement à la France, d'après le traité de paix signé à Ni-mègue en 1678.

LUXEUIL MODERNE.

—

Lorsque Labienus fit réparer les bains, l'endroit où ils existaient était désigné sous le nom de *Lixovium*. Tous les auteurs qui parlent de la destruction de cette ville par Attila la nomment *Luxovium*. Dans le moyen-âge, cette dénomination éprouva plusieurs altérations : c'est ainsi que, dans le concile de Bâle, en 1431, on l'appela *Lixvi*. Plus tard on dit *Luxeu*, nom que lui donnent encore beaucoup d'habitants; mais le mot *Luxeuil* a prévalu, et c'est celui employé par les géographes modernes.

Cette ville, que les anciens historiens plaçaient au nombre des cités de second ordre de la Gaule, est sans doute bien déchue de son antique splendeur. Cependant c'est encore une des plus importantes du département de la Haute-Saône; importance qu'elle doit en grande partie à son bel établissement thermal.

Luxeuil, qui compte maintenant plus de quatre mille habitants, présente un aspect des plus pittoresques. Placée à l'extrémité d'une vaste et riche plaine, fertilisée par les eaux de deux rivières, la *Lanterne* et le *Breuchin*, elle est adossée au nord à de petites montagnes couvertes de belles forêts bien percées et arrosées d'un grand nombre de ruisseaux qui naissent de charmantes et fraîches fontaines naturelles, but des promenades des baigneurs pendant la saison des eaux.

Située au milieu d'une campagne bien arrosée, couverte d'une vigoureuse végétation, présentant de tous côtés une culture riche et variée, jouissant d'un air pur et tempéré, elle a échappé à toutes les épidémies qui trop souvent attaquent les localités moins bien favorisées de la nature. Son sol, composé de silice et d'alumine qui repose sur un banc de pierres de grès, sablonneuses et micacées, ajoute encore aux causes topographiques de sa salubrité.

Comme centre de population, cinq grandes routes viennent y aboutir. Ses marchés sont très-fréquentés et les denrées de toutes sortes y abondent. Des voitures publiques y arrivent ou en partent à chaque instant, et mettent cette ville en rapport continuel avec toutes les localités circonvoisines. Une nouvelle entreprise de diligences, pouvant le disputer aux meilleures de France en vitesse et en commodité, en part tous les jours pour Paris par une route directe nouvellement établie pour correspondre le plus promptement possible avec le chemin de fer de Troyes. Ces voitures, qui communiquent avec celles de la Lorraine, de l'Alsace, de l'Allemagne et de la Suisse, offrent de grandes facilités aux étrangers qui se rendent à nos bains. De beaux hôtels reçoivent chaque jour les nombreux voyageurs que leurs affaires y appellent.

L'aspect de Luxeuil, en plusieurs endroits, rappelle au souvenir les anciennes villes de la Castille et de l'Andalousie, et témoigne encore de la domination espagnole dans le pays. Elle possède des monuments et des constructions qui attirent l'attention des voyageurs. Une des plus curieuses a appartenu au cardinal Jean Jouffroy, personnage qui a joué un rôle important sous Louis XI, dont il fut un des ministres. Ce prince le choisit pour traiter de la *pragmatique sanction* près du pape Pie II. C'est là son plus beau titre historique (1).

L'architecture de la maison habitée par le cardinal Jouffroy, et dans laquelle il est né, remonte au commencement du 15ᵉ siècle. Au premier étage, on remarque un balcon en pierre d'une construction élégante et hardie. A l'extrémité gauche de ce balcon se trouve une jolie tourelle, délicatement sculptée, ressortant à moitié du mur et paraissant y avoir été attachée comme un gracieux ornement. Dans l'intérieur se trouvent deux de ces grandes cheminées des temps passés, d'une forme élégante et grandiose, dont le foyer est assez vaste pour recevoir des arbres entiers. Le dessus de ces cheminées est décoré de bas-reliefs indiquant l'enfance de l'art, et qui n'ont de remarquable que leur antiquité. L'un de ces

______

(1) Le souverain pontife peignait ainsi l'envoyé du roi de France : *Virum egregium, doctrina, eloquio, ingenio, memoria divina præcellentem.*

bas-reliefs représente Adam et notre première mère chassés du paradis terrestre. On y voit aussi le serpent tentateur, auquel l'artiste a donné une jolie figure d'enfant, remplie d'une hypocrite douceur. Noé, dans la position qui indique la cause des moqueries de ses enfants peu respectueux, est le sujet de l'autre bas-relief.

En face de l'habitation du cardinal Jouffroy, il y a un monument de la même époque, d'une belle architecture sarrasine. Tout annonce que cet édifice avait eu pour destination de loger les troupes de la garnison. On y pénètre par une porte donnant sur l'escalier qui conduit aux étages supérieurs et au haut d'une tour où l'on plaçait les sentinelles qui veillaient à la garde de la place. Cette tour, d'une construction élégante et légère, est éclairée par des fenêtres au-dessus de chacune desquelles on voit tracé en relief un mot de l'*Ave, Maria*. Les visiteurs qui ne craignent pas la fatigue montent jusqu'à la plate-forme, et là sont dédommagés de cette pénible ascension par la vue d'un magnifique panorama : l'horizon, au nord, est borné par de vastes forêts ; à l'est, par la chaîne des Vosges, qui se dessinent dans une grande étendue sous une teinte bleuâtre. On y voit plusieurs pics élevés, au nombre desquels est le ballon de Servance, de plus de 1,200 mètres de hauteur. Au sud, une magnifique plaine, parsemée de nombreux villages qui entretiennent l'abondance dans le pays. On voit dans l'ouest des coteaux couverts d'une luxuriante végétation.

Au dehors, à la hauteur du premier étage, sur la droite, se trouve aussi une jolie tourelle, plus délicate-

ment sculptée que celle de la maison du cardinal Jouffroy (1).

En sortant de voir les deux constructions dont je viens
de parler, et en descendant la rue, on trouve une maison
à colonnes, avec des sculptures dans le goût de la Re-
naissance.

Vis-à-vis, on entre sur une place dont la partie gauche est formée d'une suite d'anciennes maisons des 14e
et 15e siècles (2). Le côté droit de la place est occupé
par les bâtiments de la mairie et le presbytère, au bout
duquel est l'église paroissiale, qui était autrefois celle de
l'ancienne abbaye, tant de fois détruite, et dont la dernière reconstruction remonte à l'année 1340. Son extérieur est plus remarquable par son antiquité que par
son architecture, qui est lourde et massive; mais l'intérieur présente des voûtes hardies, et le chœur où l'on
voit de belles sculptures en bois. Le bas de l'église est
occupé par un buffet d'orgues richement sculpté, mais
ne paraissant pas avoir été fait pour l'endroit où il est
placé.

(1) Des historiens prétendent que c'était la maison paternelle du cardinal Jouffroy. Il est certain que cette jolie construction a appartenu à
la famille Jouffroy jusqu'en 1552, époque à laquelle la ville de Luxeuil
l'acheta pour la somme de 635 livres. On éleva alors, sur la plate-
forme, un clocher dans lequel on plaça une cloche portant cette inscription : *Condita anno 952, fissa restitui jussit magistratus Luxovien-
sis.* La cloche a disparu; le ridicule petit clocher, si peu en harmo-
nie avec l'élégante architecture du monument, est resté.
Ces deux monuments ont semblé assez curieux à M. Tailhor, pour les
placer dans son bel ouvrage sur les *Antiquités de la Franche-Comté.*
(2) Une des mieux conservées et des plus remarquables par sa belle
architecture porte le millésime de 1373. Beaucoup de constructions de
ces temps reculés se voient dans quelques autres quartiers de la ville.

L'abbaye, attenante à l'église, sert maintenant de Séminaire, où deux ou trois cents jeunes gens sont instruits sous la direction d'habiles professeurs. Le cloître, qui maintenant forme une partie de la place du marché, remonte, dit-on, au 8e siècle. L'extrémité gauche de ce cloître a été transformée en salle de Spectacle, où une troupe de comédiens vient récréer les habitants et les baigneurs pendant la saison des eaux.

Luxeuil possède aussi un Collége, où des professeurs non moins habiles que ceux du Séminaire s'efforcent de donner une solide instruction à leurs élèves. Depuis quelques années, le conseil municipal a appelé des Religieuses, qui ont fondé un établissement où elles se dévouent à l'éducation et à l'instruction des jeunes filles, qui y puisent des principes de moralité portant déjà leurs fruits. L'Ecole primaire et celle des Frères de la doctrine chrétienne s'efforcent de donner une bonne direction à la première éducation des petits garçons.

La partie de la ville désignée sous le nom de *Corvée* est la plus rapprochée des bains; c'est là que sont situés les deux beaux hôtels du *Lion-Vert* et du *Lion-d'Or,* et les autres maisons destinées à recevoir les baigneurs.

Devant les bains et dans les jardins environnants, il y a aussi de jolies habitations dans lesquelles, comme dans celles de la Corvée, les étrangers qui se rendent à nos bains sont l'objet des soins les plus empressés. Ils trouvent dans les hôtels et les maisons particulières une nourriture saine, abondante et variée, dans les prix de 3 à 5 francs, y compris le logement. La classe peu aisée peut être logée et nourrie à des prix inférieurs. De jolis

cafés, avec jardins, sont situés à la proximité des baigneurs.

Un beau salon de réception est placé vis-à-vis de la
grille du jardin des bains. Le rez-de-chaussée est occupé par des salles de rafraîchissements et par un cabinet
de lecture où se trouvent un grand nombre de journaux
et de brochures périodiques. Le premier étage est formé
d'une vaste salle de danse, richement décorée, où se
donnent les concerts et les bals. De ce salon on entre
sur un beau balcon, d'où l'on découvre la campagne, les
bains et le vaste jardin qui en dépend. De chaque côté du
salon il y a deux autres pièces, l'une destinée aux dames,
pour y causer et faire de la musique, l'autre contenant un
bon billard et des tables dressées pour les jeux de société. L'ameublement de toutes ces pièces est élégant et de
bon goût. Tous les soirs, pendant la saison des eaux, ce
salon est le rendez-vous de la bonne société, qui s'y
livre aux divertissements si nécessaires à ceux qui en ont
l'habitude, ainsi qu'aux baigneurs, qui ont besoin d'a-
gréables récréations.

DESCRIPTION

DE L'ÉTABLISSEMENT THERMAL.

—

L'établissement des bains de Luxeuil est placé à l'extrémité de la rue des Romains. L'étendue de ses constructions, d'une belle architecture, le nombre et l'abondance de ses sources, sa vaste cour, son magnifique jardin, entouré de longues avenues formées de superbes platanes, ses jolis parterres, parsemés de fleurs et d'arbrisseaux rares, en font un des plus beaux établissements que possède la France.

Ses sources, dont l'altitude est de 322 mètres au-dessus du niveau de la mer, sont renfermées dans trois grands corps de bâtiments, réunis entre eux à angle droit. Le bâtiment placé au sud, à gauche en entrant, est le plus petit des trois. Il se compose du bureau du régisseur, du logement du concierge, de la lingerie, et renferme la salle du bain des Bénédictins, celle du bain des Dames, et trois cabinets de douches. Le corps de bâtiment placé à l'ouest contient le bain des Fleurs et le Bain-Gradué. Il présente dans toute son étendue une belle galerie à arcades, servant de promenade aux bai—

gneurs. A l'extrémité de cette galerie, dans l'angle qui réunit ce corps de bâtiment à celui du nord, est placé un salon d'attente, au sortir duquel se continue la galerie à arcades dans toute l'étendue du troisième corps de bâtiment situé au nord, et qui renferme le Grand-Bain, le bain des Cuvettes, le bain des Capucins, le cabinet du médecin-inspecteur, et, derrière, le logement du jardinier. Au-dessus de ce bâtiment, il y a une horloge qui avertit les baigneurs des heures où les cabinets sont libres.

Avant la réédification des bains de Luxeuil, qui a été effectuée à différentes époques, son emplacement n'était qu'un cloaque où gisaient mutilés des restes de constructions, parmi lesquelles on en distinguait qui avaient une origine romaine. Une inscription latine placée sur le fronton du bâtiment faisant face à la route de Saint-Loup rappelle cette reconstruction. Comme le remarque M. Fabert, dans son *Essai historique sur les eaux de Luxeuil,* les magistrats de cette ville ont su, en peu de mots, faire l'histoire de leurs bains :

LVXOVII THERMÆ,

A CELTIS OLIM ÆDIFICATÆ,

A Tito Labieno, jvssv Caii Jvl. Cæsar. imp.,

RESTITVTÆ,

LABE TEMPORVM DIRVTÆ,

SVMPTIB. VRBIS DE NOVO EXTRVCT. ADORNATÆ,

FAVENTE D. DE LACORÉ, SEQVAN. PROVINC.

PREFECTO EJVS CVRA ET OFFICIO,

REGNANTE ADAMATISSIMO LVDOVICO XV,

ANNO M DCC LXVIII.

La ville de Luxeuil dépensa en douze ans la somme de trois cent mille francs pour construire ce qui existe aujourd'hui. Le gouvernement et M. de Lacoré, gouverneur de la Franche-Comté, n'y prirent d'autre part que de donner à la ville *la permission de dépenser son argent.* Si le nom de M. de Lacoré se trouve dans l'inscription, c'est une flatterie qui était dans les habitudes de l'époque.

Les habitants des campagnes furent mis en réquisition pour aider aux travaux avec leurs charrettes et leurs chevaux. Ils ne voulurent recevoir aucun salaire, et demandèrent seulement qu'on leur permît de venir chaque année, le dimanche de la Fête-Dieu et le suivant, danser dans les jardins des bains, sur les terrasses qu'ils avaient contribué à élever ; ce qui leur fut accordé. Aussi les voit-on chaque année, à cette époque, arriver de tous côtés, au nombre de plusieurs mille, pour se livrer à leurs amusements favoris.

La distribution intérieure de l'établissement est divisée en huit grandes salles. Je vais en donner la description et indiquer les sources qu'elles contiennent, en procédant de la gauche à la droite.

BAIN DES BÉNÉDICTINS.

Au milieu de cette salle, il y a un bassin de forme circulaire, dans lequel vingt-quatre personnes peuvent se baigner à la fois. L'eau s'y renouvelle continuellement par deux sources, dont le mélange entretient le bain à une chaleur constante de 34 à 35 degrés (1).

Les baigneurs de ce bassin, qui doivent prendre des douches, se rendent aux cabinets qui les contiennent, dans la salle du bain des Dames, par une porte que je viens d'y faire ouvrir, afin qu'ils ne soient plus exposés à l'impression de l'air froid extérieur.

Le nom de ce bain lui vient de ce qu'il appartenait autrefois à la communauté des bénédictins.

BAIN DES DAMES.

La grande quantité de gaz azote pur qui se dégage continuellement de cette source a pu faire songer à l'appliquer dans quelques affections de l'utérus ; c'est peut-être ce qui lui a valu la dénomination de *Bain des Dames.*

Quoi qu'il en soit, on ne se baigne plus dans ce bassin ; il sert à alimenter les trois douches descendantes et la douche ascendante qui se trouve dans les quatre cabinets occupant le fond de cette salle ; plus, toutes les baignoires du bain des Fleurs et le plus grand nombre de celles du Bain - Gradué.

Le bassin de cette salle doit être agrandi et entièrement recouvert, pour conserver la chaleur de l'eau.

(1) Dans toutes les piscines de Luxeuil l'eau s'y renouvelle continuellement.

C'est la source la plus abondante et la plus minéralisée de l'établissement. Elle jaillit au haut d'une borne en pierre placée au centre du bassin, laquelle descend à 5 mètres de profondeur pour arriver jusqu'à la source, dont la température est de 47° centigrades.

BAIN DES FLEURS.

En sortant de la salle du bain des Dames, on entre dans une rotonde éclairée par le haut ; c'est le *Bain des Fleurs,* construit sur l'emplacement d'une cour que le jardinier avait le soin d'entretenir de fleurs ; ce qui lui a valu le nom qu'il porte.

Ce bain renferme dix cabinets, dont trois contiennent chacun deux baignoires. Deux autres sont munis de douches locales pour les affections utérines. Les treize baignoires de ce bain reçoivent, comme je l'ai dit, de l'eau chaude du bain des Dames. L'eau froide est fournie par le réservoir de la *Fontaine d'Hygie,* placé dans le jardin (1).

(1) Sous le pavé de ce bain se trouve la source dite *gélatineuse*, qui maintenant n'est plus employée. Mais, comme elle fournit près de 9,000 litres en 24 heures, j'en ai demandé la captation pour l'utiliser. C'est celle qui figure au tableau synoptique comme servant à alimenter le cabinet n° 7 du Bain-Gradué.

BAIN - GRADUÉ.

Un couloir conduit du bain des Fleurs au Bain-Gradué. La salle de ce bain, d'une noble architecture, dont la voûte majestueuse est soutenue par de gracieux arcs-boutants qui reposent sur de belles colonnes, présente un aspect vraiment monumental. Le milieu est occupé par un vaste bassin divisé en quatre compartiments, dont chacun reçoit de l'eau d'une température différente. C'est à cause de la différence de chaleur de l'eau des quatre cases de cette piscine, qu'on lui a donné le nom de *Bain-Gradué*. Chacune de ces cases peut recevoir quinze personnes à la fois. Leur température est de 30, 32, 35 et 37 degrés. L'eau provient de deux sources, dont le mélange dans des proportions différentes produit cette graduation de chaleur pour chaque compartiment de ce beau bassin.

Le pourtour de la salle est occupé par douze cabinets garnis de baignoires, dont neuf reçoivent l'eau chaude du bain des Dames. Les trois autres sont alimentés par l'eau du Grand-Bain, d'une chaleur de 55 à 56 degrés; ce qui permet d'y faire prendre des bains à haute température. L'eau froide provient du réservoir de la fontaine d'Hygie.

Sur les murs qui forment les cabinets, on a placé des bustes en marbre qui ont été donnés par M. Leclerc, ancien médecin-inspecteur des bains.

L'ensemble de cette belle salle a quelque chose de grandiose, qui frappe d'étonnement l'étranger qui y entre pour la première fois, et peu d'établissements en France en possèdent une qui puisse lui être comparée. Un chauffoir, pour le service du linge, est placé à proximité des trois bains que je viens de décrire.

GRAND-BAIN.

Ce bain contient deux sources, l'une à 55 degrés et l'autre à 56. Elles fournissent par vingt-quatre heures cinquante mille litres d'eau que reçoit un large bassin couvert de dalles. L'eau est montée, à l'aide d'une machine hydraulique, dans des réservoirs placés au-dessus de la salle, pour de là être distribuée dans les appareils à douches et les cabinets situés au rez-de-chaussée. Dix cabinets garnis de baignoires et de douches à la Tivoli sont placés sur les côtés de la salle. Les douches sont disposées de manière à pouvoir en préciser la température et la force, selon la prescription du médecin.

Ces douches sont prises dans le cabinet même, sans aucun dérangement de la part du malade. Il est peu d'établissements en France où les douches soient organisées dans des conditions aussi satisfaisantes.

C'est sans doute l'abondance de ses sources qui lui a fait donner le nom de *Grand-Bain*, et non la dimension de sa salle.

SALLE NEUVE.

Cette salle, nouvellement construite, n'est qu'une dépendance du Grand-Bain, à l'extrémité duquel elle se trouve placée. Elle contient huit cabinets garnis de baignoires en zinc. C'est la seule partie de l'établissement où les baignoires ne soient pas en granit. Un de ces cabinets renferme la douche écossaise. Il y en a trois qui contiennent chacun deux baignoires. Cette salle a de plus deux autres cabinets à douche, sans baignoires. Toute l'eau qui lui est nécessaire lui vient du Grand-Bain.

C'est de la *Salle neuve* que l'on descend dans deux cabinets où sont placés les bains de vapeur, au-dessus des deux sources du Grand-Bain, les deux plus chaudes de l'établissement.

BAIN DES CUVETTES.

Ce bain contenait autrefois deux petits bassins désignés sous le non de cuvettes, pouvant recevoir sept à huit personnes chacun ; ces deux bassins ont été supprimés. Une troisième petite cuvette servait seulement à re-

cevoir l'eau que l'on donnait en boisson et en injec-
tions intestinales, désignées sous le nom de petits remèdes. Cette petite cuvette existe toujours, et sert aux
mêmes usages.

Le bassin de cette salle, recouvert de dalles, contient
vingt-cinq mille litres d'eau, fournis par deux sources
dont la température est de 46 degrés, et assez abondantes pour le remplir en dix heures. Cette eau, qui maintenant ne sert qu'à alimenter les baignoires du bain des
Capucins et à servir d'eau froide aux baignoires du
Grand-Bain, pourra, plus tard, en fournir à tous les
cabinets qui, d'après le plan général, doivent être cons-
truits dans cette partie de l'établissement. Un deuxième
chauffoir, pour le linge destiné aux baigneurs de ce corps
de bâtiment, est placé dans cette salle.

BAIN DES CAPUCINS.

Le bain des Capucins, ainsi nommé parce qu'autrefois il appartenait au couvent des Capucins, vient d'être
remis à neuf. On a remplacé son ancien bassin par
deux autres pouvant contenir chacun quinze personnes.
L'un est destiné aux femmes et l'autre aux hommes. La
température de ces bassins est de 35 degrés, température
qui peut être augmentée à volonté par l'eau du bain
des Cuvettes, au moyen d'un conduit auquel on a adapté un robinet.

Un beau parement de forme circulaire, fait en pierres d'une seule pièce, rend cette salle une des plus jolies de l'établissement. La disposition de ce parement a permis d'établir un cabinet avec baignoires dans chaque angle de la salle. Ces quatre cabinets reçoivent de l'eau de la fontaine Ferrugineuse, qui, au moyen d'un serpentin traversant celle du bain des Cuvettes, acquiert une thermalité de 34 à 35 degrés, sans perdre aucune de ses propriétés. Cette disposition constitue un bain spécial ferrugineux-alcalin, très-précieux par l'application que les médecins peuvent en faire dans un grand nombre d'affections lymphatiques.

Ce bain est complété par deux jolies fontaines dont l'eau sert en boisson. L'une vient de la source Ferrugineuse, et l'autre du bain des Cuvettes.

Toutes les salles dont je viens de faire la description sont voûtées, spacieuses et d'une grande élévation. Elles contiennent de beaux vestiaires, les uns destinés aux hommes, les autres aux femmes, avec des cheminées pour les malades qui auraient besoin de feu (1).

(1) Hors la saison des bains, lorsque l'établissement est fermé, les margelles des bassins et les murs des salles se couvrent de concrétions des différents principes minéralisateurs des eaux, dans lesquelles prédomine le chlorure de sodium.

SOURCE FERRUGINEUSE.

Derrière le bain des Capucins, dans le jardin, se trouve la source de notre précieuse eau ferrugineuse-saline-alcaline, dont la température est de 22°, chaleur peu ordinaire dans les eaux ferrugineuses. Cette source fournit près de neuf mille litres d'eau par 24 heures ; ce qui nous permettra de donner une trentaine de bains ferrugineux, si cette quantité devenait nécessaire.

L'eau ferrugineuse de la fontaine de la salle du bain des Capucins sort d'un rocher situé derrière cette salle.

FONTAINE D'HYGIE.

La *Fontaine Savonneuse,* ou d'*Hygie,* est aussi placée dans le jardin, derrière le Grand-Bain. Son eau coule continuellement dans une coquille en marbre, d'où le trop plein se rend dans un réservoir de la capacité de dix-huit mille litres, pratiqué sous un talus, où on la laisse refroidir pour le besoin des baignoires du Bain-Gradué et du bain des Fleurs. Cette eau, qui n'a que 30°, sert aussi en boisson. C'est la moins minéralisée de toutes nos sources.

Son nom d'*eau savonneuse* lui vient de son onctuosité
et de la propriété qu'elle a de bien nettoyer le linge, propriété qu'elle doit à la présence d'une petite quantité
de soude caustique.

Dans la cour, devant le bain des Cuvettes, il existe
une petite fontaine à laquelle on descend par quatre marches. On lui a donné le non de *Fontaine des Yeux,* parce
que la tradition populaire lui accorde de merveilleuses
propriétés dans les diverses affections des yeux. L'analyse n'en ayant jamais été faite, j'ai voulu m'assurer si
elle contenait quelque substance particulière : les différents réactifs que j'ai employés m'ont démontré que
ses principes minéralisateurs ne différaient pas de ceux
des autres sources.

Elle ne fournit que sept cent vingt litres en vingt-
quatre heures ; c'est trop peu pour lui donner d'autre
application que celle qui lui est assurée par son immé-
moriale réputation. Température 35 degrés.

Enfin, il y a une dernière petite fontaine dans la cour,
à l'angle du salon d'attente ; mais elle est tarie et ne
donne plus que quelques gouttes. On est dans l'intention
de rechercher sa source. Une espèce d'abeilles qui aime
à se nicher dans le massif du pavé qui entoure cette fontaine lui a fait donner le nom de *Fontaine des Abeilles.*
Son eau, qui, dit-on, était un peu amère au goût, a
joui aussi d'une grande réputation : on rapporte que, en
l'année 1719, une dyssenterie épidémique qui désolait

la ville et les campagnes se guérissait avec l'eau de cette source. Il s'y présentait un si grand nombre de malades, que l'autorité fut obligée d'y placer des gardes pour maintenir l'ordre.

En résumé, l'établissement thermal de Luxeuil peut permettre à plus de quatre cents personnes de s'y baigner chaque matin, et, si un plus grand nombre de baigneurs l'exigeait, nos ressources pourraient être facilement augmentées.

Les serviteurs, hommes et femmes, y sont assez nombreux pour que le service s'y fasse facilement et avec promptitude. Des chaises à porteurs sont aussi à la disposition des malades qui ne peuvent s'y rendre à pied.

ANALYSE QUALITATIVE

ET QUANTITATIVE

DES EAUX MINÉRO-THERMALES DE LUXEUIL.

———

Avant la dernière analyse des eaux thermales et minérales de Luxeuil, par M. Braconnot, plusieurs savants s'étaient occupés des propriétés chimiques de ces eaux, et avaient entrevu leur véritable constitution. M. Vauquelin avait déterminé la quantité des principes constitutifs de l'eau du Grand-Bain, la seule qu'il ait analysée (Cette analyse se trouve dans le 15ᵉ volume du *Journal universel des sciences médicales*).

M. Levrey, pharmacien à Lure, a fait aussi une analyse de nos eaux, qui a beaucoup d'analogie avec celle de M. Vauquelin. En l'an VIII, M. Pierson, pharmacien à Epinal, y avait découvert la présence du carbonate de soude, un peu de magnésie, de la terre calcaire et de la silice. En 1823, M. Longchamp publia, dans le 62ᵉ volume des *Annales de chimie et de physique,* le résultat analytique de l'eau de la source Ferrugineuse.

De toutes ces analyses, la plus récente et la plus complète est celle de M. Braconnot, faite en 1837, à la demande de mon prédécesseur et de M. Desgranges, maire de Luxeuil. Les bornes que je me suis imposées ne me permettent pas de rapporter tous les procédés employés par cet habile chimiste; c'est pourquoi je me contenterai d'en donner le résumé, qui suffira à ceux de mes lecteurs qui ne s'occupent pas exclusivement d'analyses chimiques (1).

Le tableau synoptique suivant présente les proportions exactes des substances contenues dans 1,000 grammes (un litre) d'eau de chacune des neuf sources thermales de Luxeuil.

(1) Les médecins et autres savants qui désireraient avoir une entière connaissance de cette belle analyse peuvent consulter les *Annales de chimie et de physique,* 1re série, t. 18.

TABLEAU SYNOPTIQUE

des substances contenues dans 1,000 grammes (un litre) de chacune des Sources thermales de Luzeuil.

	NOMS DES SOURCES.	Température centigrade.	Chlorure de sodium.	Chlorure de potassium.	Sulfate de soude.	Carbonate de soude.	Carbonate de chaux.	Magnésie.	Alumine, oxide de fer, oxide de manganèse.	Silice.	Matière animale.	Résidu fixe pour un litre d'eau.
1	Bain des Dames	47°	0,7707	0,0215	0,1529	0,0473	0,0600	0,0240	0,0020	0,0825	0,0040	1,1649
2	Bain des Bénédictins	45°	0,7564	0,0200	0,1499	0,0457	0,0785	0,0031	0,0034	0,0751	0,0028	1,1349
3	Grand-Bain	56°	0,7471	0,0239	0,1468	0,0355	0,0850	0,0030	0,0033	0,0659	0,0025	1,1130
4	Source chaude du Bain-Gradué.	37°	0,7053	0,0239	0,1442	0,0436	0,0580	0,0240	0,0020	0,0805	0,0030	1,0845
5	Eau du cabinet n° 7 du Bain-Gradué (1).	36°	0,6694	0,0220	0,1168	0,0321	0,0671	0,0028	0,0022	0,0622	0,0025	0,9771
6	Source moins chaude du Bain-Gradué.	36°	0,6376	0,0211	0,1224	0,0391	0,0571	0,0029	0,0019	0,0771	0,0024	0,9616
7	Bain des Cuvettes	46°	0,5797	0,0152	0,1145	0,0282	0,0660	0,0020	0,0030	0,0504	0,0022	0,8612
8	Bain des Capucins	39°	0,3754	0,0012	0,0795	0,0160	0,0451	0,0017	0,0018	0,0450	0,0024	0,5681
9	Eau Savonneuse	30°	0,1098	0,0030	0,0970	0,0050	0,0340	Traces.	0,0004	0,0250	Traces.	0,2751

(1) Lors du travail de M. Braconnot, l'eau de ce cabinet provenait d'une petite source dite *Gélatineuse*, qui existe sous le pavé du Bain des Fleurs. On voit, par son analyse, qu'elle ne mérite pas plus cette qualification que les autres sources de l'établissement. Ce cabinet est maintenant alimenté par celle du Bain des Dames.

M. Braconnot a placé dans son tableau synoptique les sources dans l'ordre où il les a analysées : j'ai pensé qu'il valait mieux les y faire figurer d'après leur plus grand degré de minéralisation ; ce qui ne dérange en rien les observations judicieuses suivantes, sur lesquelles il attire l'attention des médecins :

« En jetant les yeux sur ce tableau, on peut en déduire plusieurs faits remarquables qui serviront à diriger l'emploi des eaux thermales de Luxeuil dans les diverses maladies auxquelles on les destine.

« 1° On remarquera que les sources n°s 1, 2, 3 et 4 ont sensiblement la même composition, par les proportions des éléments qui les constituent ; car les légères différences qu'on y observe ne sont vraisemblablement dues qu'à des erreurs de manipulation, qu'il est impossible d'éviter dans ces sortes de recherches. On peut donc conclure que ces quatres premières sources proviennent du même réservoir souterrain, ou centre minéralisateur ;

« 2° Que les sources n°s 5, 6 et 7, quoique provenant aussi de la même nappe d'eau, ont rencontré accidentellement dans leur trajet des filets d'eau pure qui ont altéré leur constitution originelle ;

« 3° Que, dans la source n° 8, cette altération est beaucoup plus marquée ;

« 4° Enfin, que la source n° 9 est tellement appauvrie par son mélange avec l'eau pure, qu'elle peut être comprise parmi les eaux des sources ordinaires. »

De plusieurs sources thermales de Luxeuil, surtout de celle dite Bain des Dames, se dégage une quantité considérable de gaz azote pur, dont M. Braconnot explique la formation d'après les considérations suivantes :

« On sait, dit-il, que les nuages qui se rassemblent de préférence autour des sommets les plus élevés y déposent de la pluie, dont une partie se rassemble à leur surface pour former des ruisseaux, tandis qu'une autre partie de cette eau filtre à travers les fissures des montagnes et pénètre quelquefois à une profondeur extrêmement considérable, où elle est échauffée par la chaleur que l'on suppose croissante avec la profondeur. Arrivée au réservoir où s'opère la minéralisation, elle se sature des substances qui sont en contact avec elle, et comme parmi ces substances se trouve du protoxyde de fer, puisque nous avons reconnu que toutes les eaux de Luxeuil en contiennent une petite quantité, celui-ci s'empare de l'oxygène que cette eau retient en dissolution ; d'où il résulte que l'azote seul, qu'elle retenait aussi, s'en sépare sous forme de bulles plus ou moins grosses, à mesure que l'eau approche de la source et que la pression diminue. »

On voit que M. Braconnot attribue le dégagement du gaz azote pur de nos sources à son contact avec un oxyde de fer. Les conditions du dégagement de ce gaz existent évidemment, comme le prouve un passage de la deuxième édition d'une Dissertation sur les eaux de Plombières, par M. le docteur Jacquot. Je lis à la page

84, qu'en 1832, époque à laquelle le réservoir du trop plein de la fontaine d'Hygie était en construction, on mit à découvert, au milieu d'un banc de grès, une mine de fer qui se présentait sous différents aspects. M. le docteur Jacquot offrit quelques échantillons à M. Braconnot, qui lui envoya une analyse très-détaillée, dont le résultat était que la mine de fer située dans la cour des bains de Luxeuil contenait sur 100 parties :

Eau.	10,00
Silice.	14,22
Baryte (traces)	0,01
Peroxyde de fer.	69,44
Id. de manganèse	5,33
Phosphate d'alumine.	1,00
	100,00

Toutes les eaux de Luxeuil déposent sur les parois intérieures des bassins et des baignoires une substance noirâtre, onctueuse, d'autant plus abondante que l'eau est plus minéralisée. Ainsi, le bain des Dames en est plus chargé que celui des Bénédictins ; celui-ci plus que le Grand-Bain, et ainsi de suite. La couleur de ces sédiments est aussi en raison directe de leur minéralisation. Celui du bain des Dames est presque noir, présentant cependant une petite teinte brune. La couleur du dépôt des autres bassins est d'autant moins foncée que leur eau contient moins de principes constitutifs.

M. Braconnot a trouvé que deux grammes du dépôt du bain des Dames contenaient :

Sable quartzeux 1,00
Baryte 0,09
Oxyde de fer. 0,13
Peroxyde de manganèse. 0,70
Ulmine. 0,08
                                              ____
                                              2,00

Ce chimiste pense que le peroxyde de manganèse combiné avec la baryte, charié par les eaux de Luxeuil, indique son passage à travers une mine de ce métal. Il existe dans les Vosges, près de Saint-Diez, une mine de manganèse; mais il est à remarquer qu'elle ne contient point de baryte, d'après l'analyse faite par M. Vauquelin.

J'ai soumis ces différents dépôts à l'action de beaucoup de réactifs, en y comprenant ceux employés par M. Braconnot. Je me suis convaincu qu'ils contiennent les mêmes éléments, mais dans des proportions qui diffèrent selon leur degré de minéralisation. Les médecins comprendront que, ne possédant pas les instruments nécessaires pour arriver à une analyse quantitative exacte, j'ai dù me borner à m'assurer de la qualité des substances contenues dans ces dépôts, qui, je le répète, sont les mêmes dans toutes les eaux thermales de Luxeuil. J'ai agi de même à l'égard des eaux de toutes nos sources.

A l'époque où M. Braconnot examina les eaux de Luxeuil, les chimistes ne soupçonnaient pas la présence de l'arsenic, qu'on a découvert, depuis ces dernières années, dans quelques eaux minérales et dans presque toutes les eaux ferrugineuses. Dès que ce fait vint à ma connaissance, je m'empressai d'examiner si nos eaux thermales contenaient ce métalloïde ; mais je ne le trouvai dans aucune. Il n'en fut pas ainsi de notre eau ferrugineuse, dans le dépôt de laquelle je découvris cette substance, dont l'existence peut nous aider à expliquer les heureux résultats qu'on obtient de cette eau dans un grand nombre de maladies. On voit, par la dernière analyse de M. Braconnot, que la quantité qui s'y trouve en suspension n'est pas assez considérable pour faire craindre que son administration puisse jamais être dangereuse ; mais, au contraire, qu'elle nous fournit un remède précieux.

Voici le procédé que j'ai suivi pour arriver à constater la présence du principe arsénical dans l'eau de la fontaine ferrugineuse :

J'ai recueilli une certaine quantité du dépôt ocreux que cette eau dépose abondamment quelque temps après avoir été exposée à l'air, et j'y mêlai de l'acide sulfurique, afin de détruire les substances organiques que ce dépôt pouvait contenir, et pour ne pas avoir d'effervescence qui pût me gêner pendant l'opération que j'allais faire. J'obtins une masse grisâtre, que je délayai dans de l'eau de cette source ferrugineuse ; puis je passai au filtre : il en résulta un liquide d'un brun ambré, que je destinai à être transformé en hydrogène arsenié, dans le cas où il contiendrait la substance que je cherchais.

N'ayant point à ma disposition d'appareil de March, j'y suppléai par un flacon de la contenance de 500 grammes, dans lequel j'introduisis quelques lames de zinc et une certaine quantité d'eau; j'y adaptai un bouchon percé de deux trous, l'un destiné à recevoir un tube droit, en verre, devant me servir de tube de sûreté, et l'autre un tube recourbé et effilé par lequel devait se dégager le gaz hydrogène qui se formait dans le flacon. Lorsque l'air fut complètement chassé de mon appareil, j'allumai le gaz qui s'en dégageait, et je reconnus les caractères du gaz hydrogène pur en combustion, en le recevant sur une soucoupe froide en porcelaine, sur laquelle il ne se déposa que de petites gouttelettes d'eau. J'étais donc assuré que les substances contenues dans le flacon ne pouvaient produire par elles-mêmes de taches arsénicales.

Ma liqueur filtrée fut ensuite introduite par le tube droit, avec addition d'un peu d'acide sulfurique, de manière à remplir le flacon aux trois quarts. Au bout d'un certain temps, j'allumai le gaz qui continuait à s'en dégager, et je présentai de nouveau à la flamme la soucoupe de porcelaine, qui se couvrit de taches arsénicales miroitantes, d'un éclat métallique, que je ne pouvais confondre avec des taches de charbon ou d'oxysulfure de zinc, qui se produisent quelquefois lorsque la liqueur du flacon est visqueuse, qu'elle renferme beaucoup de sulfate de zinc, ou lorsqu'il s'y trouve des matières organiques en dissolution.

Cette expérience, bien que faite avec un appareil imparfait, me prouva que l'eau ferrugineuse de Luxeuil contient ce métalloïde. J'ai répété cette expérience au sujet d'un travail sur nos eaux, que M. le Ministre de

l'agriculture et du commerce me demanda en 1849.
Cette fois encore j'obtins le même résultat.

Aussitôt que la source ferrugineuse fut découverte,
je voulus m'assurer quelle était la différence de son eau
avec l'ancienne : je trouvai qu'elle contenait, par litre,
45 centigrammes de principes minéralisateurs, tandis
que l'ancienne n'en présentait que 27 centigrammes.
Cette notable différence me fit vivement désirer de connaître la quantité exacte de chacun de ces principes.
M. Braconnot, à qui j'envoyai une certaine quantité de
cette eau, voulut bien, dans l'intérêt seul de la science,
se charger d'en faire l'analyse, ainsi que de celle du
dépôt ocreux que cette eau forme dans son contact avec
l'air.

Ce savant chimiste vient de m'adresser le résultat
de son travail ; la rédaction de sa double analyse est si
concise et d'une telle clarté, que mes confrères me sau-
ront gré de la leur donner en entier.

NOUVELLE ANALYSE

DE LA SOURCE FERRUGINEUSE DE LUXEUIL;

EXAMEN DE L'OCRE QUI S'EN SÉPARE; [1]

Par HENRY BRACONNOT, Correspondant de l'Institut.

On vient d'ouvrir des fouilles pour la recherche de la source ferrugineuse de Luxeuil, dont j'avais déjà examiné l'eau il y a plusieurs années. On est parvenu jusqu'au récipient, dont la construction paraît toute romaine. En effectuant ces travaux, on a trouvé beaucoup d'objets d'antiquité, et on s'est aperçu qu'en traversant le sol l'eau dont il s'agit avait rencontré dans son trajet des eaux étrangères qui ont dû altérer sa constitution originelle. C'est pourquoi on m'a envoyé, pour l'examiner derechef, cette eau puisée dans le récipient qui vient d'être découvert et au fond duquel se trouve la source.

Les résultats que je viens d'obtenir, comparés à ceux que j'ai obtenus autrefois, prouvent en effet une différence très-considérable, ainsi qu'on peut en juger en jetant les yeux sur mes deux analyses.

(1) Lue à la Société des Sciences, Lettres et Arts de Nancy, le 6 fév. 1851.

ANCIENNE ANALYSE.

	Par litre.
1° Chlorure de sodium.	0,0514
2° Chlorure de potassium.	0,0074
3° Sulfate de soude.	0,0338
4° Carbonate de chaux.	0,1056
5° Silice.	0,0294
6° Crénate et apocrénate de fer.	
7° Alumine.	0,0285
8° Oxyde de manganèse	
9° Magnésie.	0,0075
10° Carbonate de potasse.	0,0070
11° Matière organique.	»
Total.	0,2706

NOUVELLE ANALYSE.

1° Chlorure de sodium.	0,2579
2° Chlorure de potassium.	0,0021
3° Sulfate de soude.	0,0700
4° Oxyde de manganèse.	0,0220
5° Carbonate de chaux.	0,0350
6° Sulfate de chaux.	0,0050
7° Magnésie.	0,0070
8° Matière azotée.	0,0100
9° Silice et alumine.	0,0080
10° Oxyde de fer.	
11° Phosphate de fer.	0,0270
12° Arséniate de fer.	
Total.	0,4440

Il paraît qu'au moment où l'eau sort de la source le fer qu'elle tient en dissolution s'y trouve dans un état inférieur d'oxydation, mais qu'il passe bientôt, par le contact de l'oxygène de l'air, à l'état de sesquioxyde, qui, en se précipitant, entraîne les acides phosphorique et arsénique que j'y ai reconnus. Cette précipitation a tant de disposition à se manifester, qu'elle a lieu pendant le transport presque complètement, en larges flocons, même dans des bouteilles bien bouchées.

Au contraire, l'oxyde de manganèse y est retenu avec beaucoup plus de force, ainsi que je m'en suis assuré par l'expérience suivante : — Quatre litres de cette eau ferrugineuse séparée de son dépôt, et ne donnant plus avec les réactifs aucun indice de la présence du fer, ont été mélangés avec un excès d'eau de chaux; il s'est rassemblé un précipité d'une couleur fauve; recueilli, desséché et chauffé au rouge, il a été mis en ébullition avec de l'acide acétique, qui a dissout de la chaux, une petite quantité de magnésie et d'oxyde de manganèse, et a laissé pour résidu insoluble une quantité notable de ce dernier oxyde, lequel, dissous dans l'acide chlorhydrique, a produit un dégagement abondant de chlore et a fourni par l'évaporation du chlorure de manganèse retenant à peine des traces de fer; ce qui m'a fait soupçonner que le manganèse pourrait bien être retenu en dissolution dans cette eau ferrugineuse par l'acide sulfurique. J'ai recherché l'iode et le brôme dans le produit salin de l'évaporation de la même eau, sans qu'il m'ait été possible d'y constater leur présence.

EXAMEN DU DÉPOT

produit par la source.

Ce dépôt, tel que je l'ai reçu, était dans un grand état de division. Il a été recueilli près de la surface de l'eau, dans le récipient qui vient d'être découvert. Il retenait encore des matières terreuses étrangères, que je suis parvenu à en séparer, du moins en partie, à l'aide d'un tamis de soie. Ce dépôt n'avait point d'ailleurs l'aspect gélatiniforme et la composition de celui qu'on m'envoya autrefois de Luxeuil, lequel, mis en ébullition avec une solution de potasse caustique, me donna un liquide brun foncé, qui, étant saturé par un léger excès d'acide acétique, produisit avec l'acétate de cuivre un précipité brun, contenant l'acide apocrénique de Berzélius, acide qui, pour le dire en passant, me paraît devoir être soumis à un nouvel examen avant d'être admis comme acide particulier.

L'ocre de Luxeuil que j'examine aujourd'hui ne contient point les acides apocrénique et crénique, et m'a offert des résultats différents de ceux que j'ai obtenus autrefois.

J'ai fait bouillir cinq grammes d'ocre nouveau desséché, avec la moitié de leur poids de potasse caustique à l'alcool et une suffisante quantité d'eau. La liqueur filtrée, au lieu d'être brune foncée, avait une couleur jau-

nâtre due à une matière azotée, laquelle a été précipitée
de la liqueur alcaline en saturant celle-ci avec un léger
excès d'acide nitrique pur. La matière azotée étant séparée par le filtre de la liqueur en grande partie décolorée,
celle-ci a été évaporée à siccité. Pendant les progrès de
l'évaporation, il s'est encore séparé des flocons brunâtres
de matière azotée. Le résidu sec étant repris par l'eau et
filtré, j'ai essayé quelques gouttes de ce liquide en y mê-
lant un peu d'acétate de cuivre. Il y a produit un précipité vert bleuâtre, ayant tout-à-fait l'aspect de l'arséniate ou du phosphate de cuivre. Ce qui m'a conduit à
tenter la précipitation de la presque totalité du même liquide qui me restait par l'acétate de plomb. Ce réactif y
a produit, en effet, un précipité considérable, blanc, divisé. Bien lavé et desséché, il pesait deux grammes
vingt-deux centigrammes. J'avais de la peine à me per-
suader qu'il fût entièrement formé d'arséniate de plomb;
c'est pourquoi je l'ai soumis aux expériences suivantes :
Au chalumeau, sur le charbon, cette poudre blanche
fond très-facilement en un globule, qui, par le refroidissement, cristallise en larges facettes nacrées, brillantes,
précisément comme le phosphate ou l'arséniate de plomb,
en répandant une odeur d'arsenic; mais, comme cette
odeur était faible, et que d'ailleurs le même globule fondu plusieurs fois au chalumeau ne changeait pas sensiblement de volume et cristallisait toujours par le refroidissement, il était assez probable que le précipité blanc
obtenu par l'acétate de plomb devait être presque entièrement formé de phosphate de plomb. Afin de m'en assurer plus positivement, deux grammes de ce précipité

ont été décomposés à l'aide de la chaleur par un excès
d'acide sulfurique étendu d'eau. Dans la liqueur filtrée
j'ai versé de la dissolution aqueuse d'acide sulfureux, et,
pour chasser l'excès de ce dernier, le mélange a été exposé à la chaleur; j'y ai fait passer ensuite un courant
d'hydrogène sulfuré, qui en a précipité du sulfide arsé-
nieux (orpiment). Séparé par un filtre dont le poids
était connu, il pesait après sa dissolution 0 gram. 08,
correspondant à 0 gram. 0487 d'arsenic métallique. La
liqueur, ainsi privée d'arsenic, a été évaporée, et le
résidu, chauffé au rouge dans un creuset de platine, a
fourni une quantité remarquable d'acide phosphorique
fondu.

D'après ce qui précède, il paraît évident que, dans
l'eau de Luxeuil, une partie de l'oxyde sesquiferrique
est combiné à l'acide phosphorique et à une petite quantité d'acide arsénique.

J'ai aussi voulu m'assurer s'il contenait du cuivre. En
conséquence, cinq grammes du même ocre ont été traités par l'eau régale aidée de la chaleur. Il s'est produit à
peine une très-légère effervescence, et il est resté une
portion insoluble, laquelle, séparée par le filtre, lavée et
desséchée, pesait un gramme vingt-cinq centigrammes.
Elle était blanchâtre et m'a paru provenir de matières
terreuses étrangères consistant en silice et en alumine.
La portion dissoute, privée en grande partie par l'évaporation de l'excès d'acide, a été étendue d'eau chaude
et précipitée avec précaution, presque en totalité, par la
potasse. Le précipité ferrugineux séparé par le filtre,
lavé et desséché, pesait trois grammes six décigram-

mes. Le liquide filtré était incolore et légèrement acide. L'hydrogène sulfuré y a produit un petit précipité. Celui-ci, traité par l'acide nitrique, a laissé un résidu qui, redissous dans l'eau, a fourni une liqueur dans laquelle une lame de fer s'est recouverte d'une couche de cuivre métallique. Ce métal existe donc dans l'ocre de Luxeuil.

Les trois grammes six décigrammes du précipité ferrugineux obtenu ci-dessus ont été chauffés au rouge dans un creuset d'argent, avec un poids semblable de potasse à l'alcool. Le résultat a été traité par l'eau; la dissolution, filtrée et saturée par l'acide nitrique, m'a donné, avec l'acétate de plomb, deux grammes quatre décigrammes de phosphate de plomb, retenant de l'arséniate de plomb, et correspondant à neuf cent quatre-vingt-dix-sept milligrammes de phosphate ferrique. Au reste, on peut aussi séparer celui-ci de l'ocre, en le faisant digérer à une douce chaleur pendant quelques jours avec de l'acide nitrique étendu de beaucoup d'eau, filtrant et évaporant la liqueur pour chasser l'excès d'acide. Le résidu desséché et repris par l'eau abandonne le phosphate ferrique à l'état gélatineux.

Il me paraît probable qu'on retrouvera le phosphate de fer dans les dépôts de beaucoup d'autres eaux ferrugineuses. Au surplus, il est remarquable que celle de Luxeuil retienne en dissolution une quantité notable de manganèse, tandis que le dépôt ocreux n'en renferme que des traces ; et cependant, ayant examiné, il y a environ trente ans, la substance vernissée d'un brun noirâtre qui revêt les bassins de Luxeuil, je l'ai trouvée formée presque en totalité de peroxyde de manganèse et de baryte.

En résumé, je crois pouvoir établir approximativement la composition de l'ocre de Luxeuil ainsi qu'il suit :

Oxyde ferrique.	52,288
Phosphate ferrique	19,940
Arséniate ferrique.	2,772
Matière azotée, quantité indéterminée . . .	»
Carbonate de chaux.	
Oxyde de manganèse.	»
Cuivre.	
Matières terreuses étrangères.	25,000
Total.	100,000

Nancy, le 13 février 1851.

—————

Le nouvel examen que M. Braconnot vient de faire de l'eau ferrugineuse de Luxeuil rendue à sa pureté originelle démontre qu'elle retient en dissolution une assez grande quantité de manganèse, substance à laquelle les médecins attachent avec raison une si grande importance chaque fois qu'il s'agit de combattre les anémies de toutes sortes résultant d'un état cachectique général. Les praticiens savent avec quelle facilité se fait l'assimilation du manganèse et le prompt soulagement qu'il apporte aux organismes débilités.

Le phosphate, l'arséniate et l'oxyde de fer viennent encore ajouter leurs propriétés énergiques à celle du manganèse, pour faire de cette eau un des meilleurs modificateurs que nous puissions opposer aux affections lymphatiques ainsi qu'aux engorgements des viscères.

C'est au sortir de la source qu'il convient le mieux de faire usage de cette eau, parce que le transport dérange la combinaison de ses éléments. Mais, beaucoup de malades ne pouvant en user sur les lieux, j'ai dû chercher à trouver un moyen qui la rendît transportable, tout en conservant ses propriétés chimiques. J'y fis dissoudre une certaine quantité de bicarbonate de soude et d'acide tartrique, et, après un assez grand laps de temps, les réactifs me donnèrent la preuve que le principe ferrique y était retenu en suspension. La présence du fer s'y manifestait d'autant plus que l'acide carbonique y était plus abondant. Il résulte de cette expérience que l'on peut faire parvenir cette eau à toute distance, en employant ce moyen si simple (1).

Les eaux de toutes les sources thermales de l'établissement de Luxeuil sont d'une grande limpidité, onctueuses au toucher, agréables à boire, légères, sans saveur ni odeur. L'analyse démontre, comme nous l'avons vu, qu'elles contiennent toutes les mêmes principes mi-

---

(1) M. Dejean, pharmacien à Luxeuil, possède un appareil pour la préparation des eaux gazeuses, au moyen duquel il charge notre eau ferrugineuse de cinq à six volumes d'acide carbonique. Au bout de six mois, j'ai constaté que le fer y était retenu en suspension; elle avait aussi conservé toute sa limpidité, ne présentant pas le moindre précipité. Cette eau est déjà très-employée d'après le conseil des médecins.

néralisateurs, ainsi qu'une matière animale qui se trouve dans beaucoup d'autres sources thermales.

On pense assez généralement que la matière animale, qui a été désignée sous les noms de glairine, barègine, plombiérine, zoogène, etc., est le produit de réactions chimiques. M. Braconnot est persuadé que cette production est le résultat de l'organisme, et il pense que, lorsqu'elle sera mieux connue, elle pourra constituer un ou plusieurs genres plus ou moins analogues à ceux qui ne croissent aussi nulle autre part que dans les thermes, comme plusieurs espèces d'ossilaires ou de trêmelles, qui sont douces ou glaireuses au toucher. A la vérité, ces dernières sont ordinairement d'un beau vert, ce qui ne peut être dû qu'au contact immédiat de la lumière ; tandis que la production animalisée, qui se développe à l'obscurité dans les thermes de Luxeuil, doit nécessairement être privée de cette couleur.

M. Braconnot n'a porté son attention, pour reconnaître l'origine de cette matière organique, que sur le sédiment retenu en suspension dans l'eau de la source chaude du Bain-Gradué, et déposé au fond des bouteilles qui contenaient cette eau. Il avait reconnu que cette production, d'apparence muqueuse et d'un blanc fauve, étant immergée dans un peu d'eau, se présente sous la forme de petits grumeaux souvent ramifiés, à la manière de certaines espèces de la famille des algues, perdant, comme celles-ci, son aspect muqueux par la dessiccation, et le recouvrant par l'humectation. Examinée au microscope, cette matière organique paraît entièrement pénétrée d'une multitude innombrable de globules immobiles ayant la plus parfaite transparence. Cette matière muqueuse est entourée de plusieurs autres globules, transparents aussi, doués d'un mouvement très-rapide. Ce sont des infusoires, particulièrement des paramécies et des navicules. M Braconnot, l'ayant distillée dans une petite cornue de verre, obtint une huile empyreumatique et un produit aqueux ammoniacal qui rappelait fortement au bleu le papier rougi par le tournesol.

Pendant un travail qui m'a été demandé par M. le Ministre de l'agriculture et du commerce, j'ai toujours remarqué que, vers la fin de la réduction de toutes les eaux de nos sources, le résidu répandait une odeur ammoniacale très-prononcée. Cela me porta à répéter l'expérience de M. Braconnot sur l'eau de toutes nos sources.

Ayant laissé séjourner de l'eau dans des bouteilles très-transparentes et bien bouchées, il ne tarda pas à s'y former un petit dépôt, qui, examiné au microscope, m'a prouvé l'existence de cette matière muqueuse à points transparents et contenant des animaux infusoires. Ces infusoires étaient plus nombreux dans l'eau du bain des Dames que dans celle des autres sources. C'est aussi celle qui contient proportionnellement le plus de matière animale. Beaucoup de ces points transparents ont aussi été reconnus par M. Braconnot pour du quartz roulé microscopique.

Des expériences que j'ai répétées très–souvent et à toutes les époques de l'année m'ont prouvé que, pendant les temps froids et humides, la température de nos eaux thermales s'abaissait, et qu'elle s'élevait dans les temps d'orage, lorsque l'atmosphère était très - chargée d'électricité. Cette variation cependant est assez rare pendant la saison des eaux, et je n'ai jamais observé qu'elle fût de plus d'un degré au-dessus ou au-dessous de celle qu'elles conservent le plus constamment.

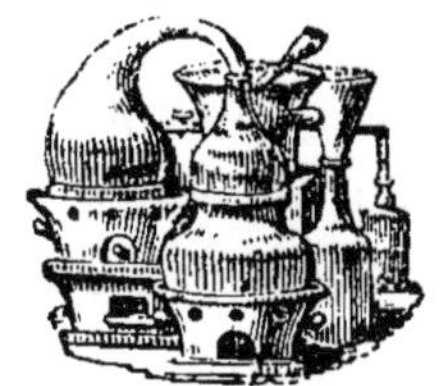

DE LA THERMALITÉ

DES EAUX MINÉRALES.

———

Plusieurs opinions ont été émises sur les causes de la thermalité des eaux minérales. Des auteurs ont prétendu que leur calorification était due à la combinaison d'un acide et d'un alcali, ou à une fermentation qui s'opérait dans le sein de la terre. Il en est qui l'attribuent à la combustion lente d'un immense amas de charbon de terre; d'autres à la chaleur des volcans; quelques-uns regardent le fluide électrique comme la cause calorifère des eaux thermales. Je ne m'arrêterai pas à présenter toutes les preuves que ces auteurs apportent pour appuyer leurs théories. Il me suffit de dire qu'elles sont généralement abandonnées.

Il devient facile d'expliquer la thermalité des eaux minérales, depuis que les savants ont adopté l'existence du *feu central* du globe. M. Laplace est celui des auteurs modernes qui en donne l'explication la plus satisfaisante. Voici ce qu'il a publié dans les *Annales de chimie et de physique* :

« Si l'on conçoit que les eaux pluviales, en pénétrant dans l'intérieur d'un plateau élevé, rencontrent dans leur mouvement une cavité de trois mille mètres de profondeur, elles la rempliront d'abord ; ensuite, acquérant à cette profondeur une chaleur de cent degrés au moins, et devenues par là plus légères, elles s'élèveront et seront remplacées par les eaux supérieures, en sorte qu'il s'établira deux courants d'eau, l'un remontant et l'autre descendant, perpétuellement entretenus par la chaleur intérieure de la terre. »

D'après les observations faites dans les mines et dans le forage des puits artésiens, il est démontré que la chaleur augmente d'un degré centigrade à mesure qu'on descend de trente mètres dans l'intérieur de la terre ; de sorte qu'à la profondeur d'à-peu-près trois kilomètres on atteindrait la chaleur de 100 degrés centigrades, c'est-à-dire celle de l'eau bouillante (1).

L'origine de toutes les sources thermales de Luxeuil doit être la même. Toutes ont puisé leur chaleur au même foyer, ainsi que leur minéralisation. La diffé-- rence de température que ces eaux présentent au sortir

---

(1) Des expériences faites sur divers points du globe constatent qu'à une certaine profondeur on trouve une chaleur constante d'environ onze degrés centigrades, en hiver comme en été. C'est à partir du point de cette température constante, qui, dans nos climats, est à 28 mètres au-dessous du sol, que la chaleur s'accroît régulièrement de un degré quand on s'enfonce de trente mètres.

de la terre provient de ce qu'elles ont traversé des couches de terrain plus ou moins épaisses, auxquelles elles ont cédé de leur calorique. On avait cru que beaucoup d'eaux minérales devaient une partie de leurs principes minéralisateurs aux substances solubles qu'elles pouvaient rencontrer dans les terrains qu'elles traversaient pour arriver à l'endroit où elles sourdent; mais des savants distingués, au nombre desquels se trouve Berzélius, combattent cette théorie, sans cependant pouvoir en présenter une qui nous donne une idée juste des causes de leur minéralisation. Jusqu'à présent, la science a été impuissante pour nous faire connaître la profondeur et la nature des couches où les eaux minérales s'emparent des principes que leur analyse nous y fait découvrir. Heureusement que la médecine pratique a peu à gagner à cette découverte, et que, sans elle, nous pouvons en faire une heureuse application. La connaissance de leurs propriétés médicinales nous importe donc plus que celle des causes de leur minéralisation et de leur thermalité.

PROPRIÉTÉS MÉDICINALES

DES EAUX THERMALES DE LUXEUIL.

———

Une observation constante et minutieuse de six années
me prouve que nos eaux thermales possèdent des quali-
tés précieuses pour combattre une foule d'affections
chroniques, contre lesquelles les autres agents thérapeutiques avaient été impuissants ou pour le moins in-
suffisants. Elles peuvent être administrées sous toutes
les formes : en bains, douches, étuves, boissons et in-
jections.

On conçoit que les bains peuvent être pris à différents
degrés de température. Lorsqu'ils sont élevés à celle de
trente-cinq degrés centigrades et au-dessus, ce sont des
bains chauds; au-dessous de cette température jusqu'à
celle de trente degrés, ils deviennent *tempérés;* et au-
dessous de trente degrés, ce sont des *bains frais.*

Cette graduation se trouve naturellement établie dans
les bains de Luxeuil ; avantage que l'on trouve rarement

dans les autres établissements, où il est souvent nécessaire de recourir à des eaux étrangères pour arriver à la température prescrite par le médecin.

Les bains chauds, les douches et les bains de vapeur, par leur caloricité et leurs principes minéraux, excitent plus ou moins la peau et augmentent sa vitalité. Ils conviennent donc dans tous les cas où l'on se propose de produire une dérivation vers le système cutané, ou d'augmenter la tonicité générale, en déterminant ces réactions sans lesquelles on ne peut parvenir à rétablir l'équilibre dans l'organisme.

Ces eaux, employées sous toutes ces formes, conviennent surtout dans les affections chroniques des voies digestives, les anciens rhumatismes musculaires ou fibreux, les contractures des muscles, les maladies des os et des articulations ; dans les tumeurs des viscères, les engorgements glanduleux, les hépatites chroniques, la chlorose, les scrofules. Quoiqu'on les administre rarement dans les maladies de la peau, j'en ai cependant retiré de bons effets dans quelques éruptions sèches accompagnées de démangeaisons. J'attribue ces heureux résultats à l'onctuosité de nos eaux, qui assouplit les téguments, apaise ordinairement les irritations superficielles et modifie l'action des vaisseaux exhalants. Les paralysies qui ne sont point dues à des congestions cérébrales, cèdent assez fréquemment à l'action de nos bains et de nos douches à haute température.

Il faut éviter d'en faire usage, lorsqu'il y a quelques dispositions aux congestions du cerveau ou de la poitrine, qu'il existe des lésions organiques du cœur, et quand enfin tous les symptômes aigus des maladies en général n'ont pas entièrement disparu.

Il n'est point vrai, comme on le dit quelquefois, que, si les eaux de Luxeuil ne font pas de bien, elles ne font pas de mal. J'ai été témoin trop souvent de la fausseté de ce malheureux *dicton* et des accidents produits par leur usage inconsidéré, pour ne pas regarder comme un devoir d'en prévenir les malades qui viennent chercher la santé près de nos sources.

Les bains frais ou tempérés ont une action sédative qui doit en faire rechercher l'emploi, chaque fois qu'on aura à combattre l'exaltation du système nerveux, un trop grand éréthisme de l'organisme, enfin toutes les fois qu'il y a exagération des propriétés vitales. C'est pourquoi ils conviennent généralement aux personnes d'un tempérament nerveux ou bilieux et d'une constitution irritable.

Quant aux bains froids et à la douche écossaise, ils ont des propriétés toniques qui les rapprochent de celles des bains à haute température. Ils produisent des réactions énergiques et doivent toujours être dirigés par un médecin.

Les eaux de Luxeuil, prises en boisson, sont d'une digestion facile, toutes les fois que la muqueuse de l'estomac n'est pas le siége d'une inflammation; c'est-à-dire qu'il faut en être très-sobre ou s'en abstenir entièrement dans toutes les irritations un peu vives de cet organe. Lorsque les voies digestives supérieures sont saines, ces eaux augmentent la sécrétion des muqueuses gastro-intestinales, du fluide biliaire et pancréatique, et déterminent assez ordinairement des évacuations faciles. Quelquefois aussi elles produisent de la constipation, en augmentant les fonctions absorbantes du tube intestinal ; mais généralement cette constipation est de peu de durée. Si elle ne cède pas promptement, les lavements et les douches ascendantes, en corrigeant la chaleur et la rigidité des intestins, la font bientôt cesser.

Les douches et les bains de vapeur ont une action beaucoup plus énergique que l'eau administrée sous les formes dont je viens de parler ; aussi est-ce contre les paralysies, les rhumatismes chroniques rebelles, etc., qu'il faut y avoir recours. Il y a peu d'établissements en France où les douches soient aussi bien disposées qu'à Luxeuil, pour répondre à toutes les indications du médecin ; et, convenablement combinées avec les autres moyens qui sont à notre disposition, on peut arriver à la guérison de maladies qui ont résisté à la médication la plus savante et aux plus sages conseils. J'ai vu aussi sortir de nos étuves quelques guérisons de paralysies, certaines affections cutanées, des ulcères scrofuleux, etc., contre lesquels toute autre médication avait échoué.

Il me reste à parler des propriétés médicinales de l'eau de notre *source ferrugineuse,* ainsi que des maladies qui cèdent le plus ordinairement à son administration.

Cette eau est alcaline et saline ; elle présente dans sa composition des principes doués d'une action énergique dans des proportions suffisantes pour en faire un puissant médicament et jamais un remède dangereux. Le fer contenu dans cette eau, combiné avec ses autres principes constitutifs, devient plus assimilable, se dissout mieux dans nos liquides que lorsqu'il est pris seul, et l'estomac le supporte plus aisément.

Jusqu'à présent, l'eau ferrugineuse de Luxeuil n'a guère servi qu'en boisson. Grâce aux travaux qu'on vient de faire, nous pouvons l'administrer en bains, avantage que ne présente aucun des autres établissements situé dans l'est de la France. Pour lui donner le degré de chaleur nécessaire sans lui faire perdre ses précieuses propriétés, nous la faisons passer dans un serpentin qui fait plusieurs fois le tour d'un réservoir rempli d'eau minérale à haute température.

Les affections contre lesquelles j'ai administré l'eau ferrugineuse avec le plus de succès sont celles que présentent les individus lymphatiques, à constitution molle, au teint blafard, dont la faiblesse, la circulation lente, l'état œdémateux, la décoloration de la peau et des membranes muqueuses annoncent évidemment l'anémie, chez lesquels l'hématose ne se fait qu'avec peine et d'une manière incomplète.

Les malades épuisés par des pertes de sang abondantes, des diarrhées anciennes et rebelles provenant du défaut de tonicité de la muqueuse intestinale, des catharres vésicaux chroniques; ceux qui sont atteints d'hydropisies passives, provenant de l'habitation dans des lieux froids et humides; qui sont sous l'influence de fièvres intermittentes automnales; qui présentent des affections scrofuleuses, la cachexie scorbutique, des engorgements abdominaux lents et sans fièvre, etc., profitent particulièrement des effets salutaires de notre eau ferrugineuse.

C'est surtout dans les maladies propres aux femmes que l'application de l'eau ferrugineuse de Luxeuil produit d'heureux résultats. Son usage augmente la tonicité de l'organisme en général, épaissit les fluides, condense les tissus, et, déterminant de salutaires réactions, rétablit l'équilibre qui constitue la santé. La leucorrhée, la dysménorrhée, l'aménorrhée ou la trop grande abondance du flux menstruel due à un défaut de ressort de l'utérus ou à la débilité générale, la chlorose, la disposition aux avortements guérissent le plus ordinairement par l'emploi bien ordonné de cette eau. Il n'est pas rare aussi de voir la stérilité céder à son action.

Si l'eau ferrugineuse réussit très-souvent dans beaucoup d'affections arthéniques, c'est à la condition qu'il n'existera plus de symptômes phlegmatiques, surtout des voies digestives. Aussi on ne peut apporter trop d'attention avant d'en prescrire l'usage, et les malades ne doivent jamais y avoir recours sans l'avis d'un médecin prudent et expérimenté.

Les personnes d'une constitution trop nerveuse et irritable; celles dont la poitrine est délicate, disposée au crachement de sang; qui présentent quelques symptômes annonçant des lésions du cœur ou des gros vaisseaux; les femmes enceintes, les organisations pléthoriques doivent y renoncer.

Il est essentiel de ne faire usage de cette eau en boisson que d'une manière graduée et pendant la journée ou au commencement des repas. Prise le matin à jeun, elle produit assez fréquemment du dégoût, la perte de l'appétit et des douleurs à l'épigastre. On ne la prendra, pour commencer, qu'à la dose d'un demi-verre, puis d'un verre, après quoi on fera une petite promenade, à moins qu'on en fasse usage au commencement du repas. Il est rare que j'en prescrive plus de quatre à cinq verres par jour, et j'en surveille attentivement l'effet.

Malgré tout ce que je viens de dire des propriétés curatives de nos eaux, il est des cas où leur action seule est insuffisante; c'est à la sagacité du médecin à choisir les modificateurs qui peuvent lui être associés. Disons pourtant qu'il faut en être très-sobre et ne les employer qu'avec discrétion, afin de laisser aux eaux toute leur liberté d'action.

Après avoir exposé les propriétés médicinales de nos sources thermales et de notre eau ferrugineuse, il semblera à quelques-uns de mes lecteurs que je dois indiquer la durée du temps qu'un malade peut rester à nos eaux. Le préjugé fixe à vingt-un le nombre de bains qui constitue une saison à Luxeuil. On comprend combien il est absurde d'assigner un temps déterminé à chaque malade; temps qui doit varier selon le tempérament, l'âge, la nature de la maladie, etc. Ce n'est donc qu'après les effets obtenus, que le médecin peut fixer approximativement le nombre de bains nécessaires à chaque malade. Mais le préjugé des vingt-un bains a tellement d'empire sur certains esprits, surtout chez les gens de la campagne, qu'aucune espèce de raisonnement n'a assez de puissance pour le détruire. Il est d'autres malades qui, lorsqu'ils ne sont pas guéris à la fin de ce qu'ils appellent *leur saison*, s'imaginent que le traitement par les eaux n'est pas celui qui leur convient. Aussi les indigents qui me sont adressés m'offrent-ils un nombre proportionnel plus grand de guérisons, parce que je puis les retenir aux eaux aussi longtemps que je le juge convenable.

Je suis donc convaincu que le nombre des guérisons serait plus considérable, si les malades restaient plus longtemps sous l'influence du traitement, surtout s'ils prenaient du repos, en mettant un peu d'intervalle après avoir pris un certain nombre de bains et de douches. On en aura la preuve par les quelques observations que je vais rapporter, après avoir tracé les règles de l'hygiène des baigneurs.

HYGIÈNE DES BAIGNEURS

A LUXEUIL.

—

Beaucoup de personnes croient, dès qu'on leur a conseillé l'usage d'une eau minérale, qu'elles peuvent se dispenser de toute espèce de direction, et que tout ira d'autant mieux qu'elles resteront plus longtemps dans leur bain, qu'elles boiront une plus grande quantité d'eau ou qu'elles prendront un plus grand nombre de douches, etc. Il est bon de prévenir les malades qu'ils ne sauraient prendre trop de précautions, ni apporter trop de soins dans l'emploi qu'ils feront des eaux, quelle que soit la manière dont ils en useront. Leurs effets diffèrent selon l'âge, le sexe, le tempérament ou le degré de la maladie, etc.

Il ne suffit pas de faire un bon usage des eaux pour obtenir tout le succès qu'on a lieu d'en attendre : il est encore une règle de conduite à suivre, sans l'observation de laquelle on atteint rarement le but qu'on s'était proposé. C'est cette règle de conduite que je vais exposer.

Il est prudent, avant de commencer le traitement par les eaux, de se reposer pendant un ou deux jours, lorsqu'on est fatigué par le voyage, et de se mettre à un régime doux et rafraîchissant. Lorsqu'il existe quelques symptômes d'embarras des voies digestives, un purgatif salin ou un émétique peut être administré; mais il est assez rare qu'on soit obligé d'y recourir.

Si le malade est doué d'une constitution pléthorique, s'il a l'habitude des saignées ou s'il est sujet à des évacuations qui se seraient supprimées, il peut être nécessaire de tirer un peu de sang avec la lancette ou par l'application des sangsues, si un organe était le siége d'un mouvement fluxionnaire. On comprend que dans ces cas l'avis d'un médecin est indispensable.

Dès que le malade a commencé le traitement et qu'il est sous l'influence de l'action des eaux, il doit apporter une grande attention à la température de l'air avec lequel il est en contact. Le but essentiel que l'on doit se proposer dans le plus grand nombre des maladies chroniques, c'est de déterminer une certaine excitation à la peau et d'y appeler une douce transpiration. C'est pourquoi les baigneurs doivent apporter un grand soin à éviter l'air froid et humide, surtout à la sortie des bains et des douches. Ils doivent également fuir un air trop chaud, qui puisse déterminer des transpirations trop abondantes. L'air de l'appartement doit être renouvelé plusieurs fois dans la journée.

Luxeuil est entouré de bois qui, presque toujours,

produisent le soir et le matin un abaissement sensible dans la température. Aussi les malades doivent-ils avoir soin de se couvrir chaudement à ces deux époques de la journée, préférer les vêtements légers en laine, et porter de la flanelle sur la peau.

Le régime alimentaire est une des conditions nécessaires pour parvenir à la guérison des maladies qui doivent être traitées par les eaux minérales. Disons aux personnes qui seront assez dociles pour suivre nos conseils qu'elles ne sauraient trop éviter l'abus des liqueurs fermentées, les aliments épicés, les viandes noires, les fritures, les crudités, la pâtisserie, les fromages salés, les fruits crus et acides, etc.

Le déjeuner doit consister en une petite quantité d'aliments légers. Les personnes habituées à faire ce repas avec le chocolat ou le café au lait peuvent en continuer l'usage.

Des viandes tendres, grillées ou rôties, et même bouillies ; des légumes bien cuits, plutôt préparés au gras qu'autrement ; du poisson, des entremets sucrés, des fruits bien mûrs, des confitures peu acides doivent composer le dîner. Une petite quantité de bon café peut être permise à ceux qui en ont l'habitude. Le vin doit toujours être coupé d'eau.

Le souper ne sera pas aussi copieux que le dîner, et devra consister, comme le déjeuner, en aliments légers, afin que le sommeil soit calme et l'organisme mieux disposé le lendemain à retirer de bons effets des bains. Il faut se coucher de bonne heure et se lever matin : 6 à 7 heures de bon sommeil suffisent à tous les malades.

Il y a plusieurs manières de prendre des bains à Luxeuil : on peut se baigner en commun dans les bassins,
ou en baignoire dans un cabinet. Quel est le mode qui
convient le mieux ? Cela dépend du caractère et des habitudes, et aussi du degré et du genre de la maladie.
Quelques personnes fuient l'isolement et recherchent la
distraction, qu'elles trouvent dans les causeries des baigneurs placés dans les piscines. D'autres, au contraire,
préfèrent le calme et le silence. Je crois que ces dernières conditions conviennent à un grand nombre de malades ; mais il en est d'autres aussi qui retirent de meilleurs effets des bains pris en commun.

On doit généralement prendre le bain le matin, parce que c'est l'époque de la journée où le corps est le
mieux disposé pour en recevoir une heureuse influence.
Si des circonstances particulières ne permettaient pas de
se baigner à cette époque de la journée, il faudrait attendre au moins 4 ou 5 heures après le repas, et davantage encore si l'estomac n'était pas entièrement libre et
exempt de pesanteur. Sans cette précaution, il peut en
résulter les accidents les plus graves, surtout pour les
personnes d'une constitution pléthorique.

J'ai déjà dit qu'il y a trois espèces de bains, quant à
la température : 1° les bains frais, 2° les bains tièdes ou
tempérés, 3° les bains chauds. Les bains frais conviennent généralement aux malades d'un tempérament sanguin ou nerveux, tandis que les tempéraments lymphatiques se trouvent mieux dans les bains au-dessus de 32°
de chaleur. Mais il y a des exceptions apportées par le
degré et le genre de la maladie.

Les bains frais et tempérés peuvent être supportés pendant plusieurs heures, bien que le plus ordinairement il suffise d'y rester pendant une heure. Ma règle, à cet égard, est d'y laisser mes malades tant qu'ils s'y trouvent bien et qu'ils n'y éprouvent ni fatigue ni faiblesse ; lorsqu'ils commencent à y ressentir de l'ennui, je les en fais sortir, parce que je pense que c'est un commencement de fatigue.

Les bains chauds doivent rarement avoir plus d'une heure de durée. Ceux d'une haute température sont seulement de quelques minutes, et doivent toujours être prescrits et surveillés par le médecin.

Afin d'éviter les palpitations du cœur et les céphalalgies, il est prudent de ne pas se plonger brusquement dans son bain, mais au contraire de n'y entrer que graduellement. Il est beaucoup de personnes qui ne supportent le bain qu'en le prenant jusqu'à la poitrine, tandis qu'il en est d'autres qui ne s'y trouvent bien que plongées jusqu'au cou. C'est au malade à observer ce qui lui convient le mieux.

C'est en déterminant une légère excitation à la peau que l'action du bain y produit une réaction salutaire et cette douce transpiration si nécessaire au rétablissement de l'équilibre des fonctions. Aussi, le plus grand nombre des malades doivent-ils, en sortant du bain tempéré ou du bain frais, se mettre dans un lit chaud, afin d'entretenir une transpiration douce et aisée ; mais ne pas provoquer des sueurs fortes et violentes, en se surchargeant de couvertures. On ne doit pas se livrer au sommeil en sortant du bain, à moins qu'on n'ait peu ou point

dormi pendant la nuit. Il y a des baigneurs qui peuvent
entretenir l'excitation à la peau par un léger exercice.
Soit que les malades se couchent ou se livrent au mouvement après le bain, ils doivent attendre, pour prendre des aliments, que le corps ne soit plus couvert de
sueur.

Généralement à Luxeuil on boit l'eau des différentes
sources pendant le bain. Il y a cependant quelques
personnes qui en font usage en se promenant. C'est
au malade à observer dans laquelle de ces deux conditions il la digère avec le plus de facilité. Les premiers
jours il ne doit en boire qu'un ou deux verres, et
chaque verre à plusieurs reprises, afin de laisser à l'estomac le temps de la bien digérer. On doit en augmenter graduellement la dose jusqu'à la quantité qui
peut être facilement supportée, laisser entre chaque
verre un intervalle de dix à trente minutes, et la boire,
autant que possible, au sortir de la source, afin d'en in-
gérer les principes volatils.

L'eau ne peut pas être supportée pure par tous les
estomacs; il est aussi des maladies pour lesquelles on
est dans l'obligation de la couper avec une infusion, du
lait, du petit-lait, ou de l'édulcorer avec divers sirops,
comme ceux de capillaire, de guimauve, de gomme, etc.
Il y a des circonstances qui nécessitent quelquefois d'y
ajouter des sels neutres.

On ne doit boire un deuxième ou troisième verre d'eau
que lorsqu'on sent que le dernier verre est bien digéré.

Il y a des personnes qui n'aiment point à boire entre
les repas, et d'autres qui éprouvent une grande répu-

gnance pour toutes les eaux minérales, les eaux chaudes surtout. Il ne faut alors les prendre qu'à très-petites doses, et toujours commencer par l'eau la moins minéralisée. On doit donc boire d'abord de l'eau de la fontaine d'Hygie, puis passer à celle du bain des Cuvettes, pour finir par la plus forte, qui est celle du bain de Dames. Prise de cette manière, l'estomac s'habitue graduellement à digérer facilement notre eau la plus minéralisée.

Il arrive assez souvent que les eaux ne produisent pas d'abord tout le bien qu'on en attend ; il ne faut pas se décourager, mais, au contraire, continuer le traitement. Tous les ans j'ai à donner des soins à des individus dont le tempérament est difficile à émouvoir, et dont les maladies ne paraissent avoir éprouvé que peu ou point d'amélioration pendant tout le temps de leur séjour aux eaux, et qui, quelques temps après leur rentrée chez eux, éprouvent une heureuse modification, qui les conduit souvent à une complète guérison, sans avoir recouru à aucun autre remède. Il en est d'autres, enfin, dont les affections sont si opiniâtres, que ce n'est qu'à la deuxième ou troisième saison qu'ils commencent à ressentir quelques effets de l'action des eaux.

J'ai vu des femmes continuer l'usage des eaux en bains et en boisson pendant l'écoulement menstruel, sans qu'il en résultât aucun accident. Je suis loin cependant d'approuver une pareille conduite, et je conseille toujours, dans ce cas, de suspendre le traitement, qui, le plus ordinairement, produit une excitation dont il est prudent de prévenir les effets nuisibles.

Il serait à souhaiter que les malades pussent pro-

longer leur séjour assez longtemps pour que l'emploi
des eaux ne se terminât pas d'une manière brusque ;
que, vers la fin du traitement, ils diminuassent la durée
de leur bain ainsi que la quantité d'eau prise en boisson, de manière à finir à peu près comme on avait
commencé. Il serait bon aussi qu'ils attendissent une
couple de jours avant de se mettre en route pour
retourner chez eux, surtout si le voyage est de plusieurs
jours et s'ils doivent passer la nuit en voiture. Il faut
avoir une forte et heureuse organisation pour supporter facilement les changements subits et intempestifs.

Un ancien préjugé, assez généralement répandu,
prescrivait de purger les malades qui venaient de suivre
un traitement par les eaux, parce que, pensait-on, leur
usage laissait dans les organes de la digestion un sédiment qu'il fallait expulser et chasser au dehors. Cette
pratique routinière, loin d'être utile, était fréquemment
nuisible et détruisait trop souvent le fruit qu'on aurait
pu retirer d'un bon emploi des eaux. Il faut donc s'abstenir des purgations, surtout si l'appétit est bon et que
la digestion se fasse bien. Je dois prévenir ceux de mes
lecteurs qui ont trouvé du soulagement à nos bains,
qu'il est nécessaire, pour en assurer tout le succès, de
continuer pendant encore vingt–cinq à trente jours le
régime qu'ils ont suivi pendant la saison des eaux, parce
que l'expérience prouve que leur action sé prolonge
longtemps encore après en avoir cessé l'usage, et que
la guérison commencée à l'établissement thermal s'a-
chève, le plus ordinairement, lorsqu'on est de retour
chez soi. C'est pourquoi il est prudent de ne reprendre

ses habitudes d'occupation ou de travail que progressivement. Si le rétablissement de la santé n'est pas complet, on peut revenir prendre une deuxième saison sur la fin du mois d'août, ou l'année suivante si la température devenait à cette époque trop froide et humide.

Nous recevons tous les ans des baigneurs qui ne sont nullement malades, mais qui, croyant devoir leur santé à l'usage de nos eaux, prétendent que, lorsqu'ils passent une saison sans y recourir, leur santé en souffre. Aussi ces vétérans des baigneurs viennent-ils, depuis 50 ans et plus, payer leur tribut de reconnaissance aux sources qui les ont fait parvenir sains et vigoureux jusqu'à la plus belle vieillesse.

OBSERVATIONS.

—

Le lecteur comprendra que je n'ai point à m'occuper, dans cet opuscule, de toutes les affections qui entrent dans un cadre nosographique complet, mais seulement des maladies que les eaux de Luxeuil combattent avec le plus de succès.

Les affections chroniques sont à peu près les seules qui se présentent à notre établissement; c'est pourquoi je me bornerai à rapporter quelques observations de ces maladies, dont la guérison a été obtenue par l'action de nos eaux seulement, aidée des moyens puisés dans l'observation des règles hygiéniques. Cependant, dans quelques cas, je me suis cru obligé de leur associer des substances pharmaceutiques dont certains malades avaient quelquefois usé sans succès, mais qui, par leur combinaison avec l'eau de nos sources, ont développé toute leur puissance thérapeutique.

Ce sont surtout les phlegmasies chroniques des membranes muqueuses, celles des organes parenchymateux, les affections rhumatismales des tissus musculaire, fibreux et synovial, les névroses essentielles ou succédant à des phlegmasies, les lésions organiques générales qui m'ont fourni le sujet de mes observations.

J'ai placé à la fin de cet ouvrage un tableau synoptique de toutes les maladies dont j'ai dirigé le traitement depuis l'année 1845 à 1850 inclusivement. Ce tableau récapitulatif, dressé avec la plus minutieuse attention, indique chaque espèce de maladies, celles de ces maladies qui ont cédé pendant la saison des eaux, celles qui n'ont été que soulagées, et enfin le nombre des malades qui sont partis dans le même état qu'à leur arrivée.

Dans l'exposé des observations qui suivent, j'observerai l'ordre adopté par les nosographes modernes, et je chercherai à éviter, autant qu'il me sera possible, de confondre les maladies qui n'appartiennent pas au même système d'organes. Mais on conçoit que, dans l'énoncé des symptômes, je ne puis me dispenser d'en indiquer de communs à des lésions qui diffèrent entièrement.

Si les maladies aiguës sont caractérisées par une action vive et soutenue de toutes les propriétés vitales, dont les phénomènes morbides se développent dans un court espace de temps, présentant toujours la fièvre comme principal symptôme, chez lesquelles des réactions énergiques déterminent promptement l'équilibre des fonctions ou une fatale terminaison, il n'en est pas ainsi des affections chroniques, qui se manifestent par une atonie, une diminution générale ou partielle de l'action organique, s'opposant à toute réaction, dont les symptômes se développent d'une manière faible, lente et souvent interrompue. Dans ce genre d'affections, la fièvre est nulle, ou, si elle a lieu quelquefois, elle prend un type intermittent et obscur. Les fonctions digestives, celles de la respiration et de la circulation se font mal; il en est de même des sécrétions et des excrétions. Dans le plus grand nombre de ces maladies, la peau présente une empreinte caractéristique : elle est pâle, terreuse, de couleur paille, souvent sans élasticité; mais, au contraire, elle offre une flaccidité qui annonce le plus ordinairement l'altération profonde du principe vital. Ces dernières affections, dont on obtient si rarement la guérison par les moyens ordinaires de la médecine, cédent assez fréquemment à l'administration des eaux de Luxeuil.

J'ai recueilli très-scrupuleusement les observations de 883 malades qui se sont confiés à mes soins. Comme il serait trop long de les rapporter toutes, je vais seulement en citer quelques-unes de celles qui me paraissent les plus intéressantes.

GASTRITE CHRONIQUE.

— Année 1845. —

M. C***, âgé de 40 ans, laboureur, d'une forte constitution, d'un tempérament bilioso-nerveux, était at-

teint depuis douze ans d'une inflammation de l'estomac
déterminée par l'abus des liqueurs alcooliques, puis par
celui d'une trop grande abondance d'eau froide. Il n'a-
vait jamais été bien rétabli de cette affection, entretenue
par un mauvais régime et de grands chagrins. Lorsqu'il vint me consulter, cette dernière cause avait entièrement disparu.

Il était venu plusieurs fois prendre les eaux de Luxeuil,
qui l'ont toujours soulagé; mais, fidèle au préjugé des
vingt-un bains par saison, il n'avait jamais voulu dé-
passer ce nombre. Cette fois, il me promit de rester à
Luxeuil tout le temps que je jugerais nécessaire à sa
guérison.

Après l'avoir examiné avec attention, voici l'état dans
lequel je le trouvai : Maigreur générale, pâleur de la
face, langue rouge à la pointe et sur les bords, sèche
vers le milieu; stomatite; pouls petit, dur, nerveux, ne
donnant que soixante-quatre pulsations par minute;
soif, sentiment d'embarras à l'estomac; peu ou point
d'appétit; nausées et quelquefois vomissements; constipation, petit mouvement fébrile vers le soir; sommeil
difficile et souvent interrompu; propension à la mélancolie.

Comme il souffrait toujours après le repas, que la langue devenait plus rouge et la stomatite plus prononcée,
je fis une application de ventouses scarifiées sur la région
de l'estomac; je prescrivis de la recouvrir ensuite d'un
cataplasme émollient que l'on devait conserver la nuit
jusqu'à nouvel ordre, et je le soumis à un régime plus
sévère que celui qu'il suivait.

Deux jours après, je commençai à lui faire prendre des bains à la température de trente-quatre degrés. Au bout de cinq à six jours, je m'aperçus qu'il y avait de l'intermittence dans les symptômes ; ce qui me fit lui prescrire pendant l'apyrexie vingt-cinq centigrammes de sulfate de quinine en lavement ; même dose prise de la même manière deux jours après. A la troisième dose, cet état intermittent avait disparu. Bains plus prolongés, s'élevant progressivement à une durée de deux heures. L'amélioration se prononça de jour en jour ; tous les symptômes diminuèrent d'intensité : le visage perdit sa pâleur, l'appétit reparut, les digestions devinrent plus faciles ; le sommeil se rétablit, la disposition à la mélancolie s'évanouit ; le malade était plein d'espérance et croyait à sa complète guérison.

Après le quinzième bain, repos de cinq à six jours ; mais, dès le surlendemain, le malade me pria de le laisser reprendre ses bains. La constipation était presque le seul symptôme restant de l'état alarmant qu'il présentait à son arrivée. Cette constipation fut combattue par l'eau des Cuvettes prise en lavement.

Quinze autres bains furent encore administrés, après lesquels le malade rentra chez lui, persuadé cette fois qu'il était parfaitement guéri.

Il revint l'année suivante ; mais c'était pour m'amener sa femme, tourmentée de maux d'estomac qu'elle attribuait à un abondant écoulement leucorrhéique, qui a aussi cédé à l'action de nos eaux. Quant à lui, il jouissait d'une parfaite santé.

GASTRO-ENTÉRITE CHRONIQUE.

— 1845. —

Madame M***, petite, âgée de vingt-quatre ans, délicate, brune, d'un tempérament très-nerveux, souffrait depuis deux ans d'une inflammation chronique de l'estomac et des intestins. Son médecin m'écrivait que cette affection était survenue à la suite d'une grossesse pénible. Il pensait que les eaux de Luxeuil pourraient modifier favorablement cet état, peut-être même rétablir la santé, comme il en avait vu des exemples dans des cas qui lui paraissaient tout-à-fait analogues. La médication suivie jusqu'alors avait été des plus rationnelles ; cependant il y avait peu ou point d'amélioration. La face de cette jeune dame était de couleur jaune-paille, boursouflée ; ses lèvres décolorées, sa langue pâle et tremblante ; elle éprouvait des coliques fréquentes, et alternativement de la diarrhée ou de la constipation. Le toucher abdominal faisait éprouver des douleurs plus fortes à l'hypochondre droit que dans les autres régions. Il y avait aussi des palpitations du cœur, qui augmentaient par la moindre émotion ou un peu plus d'exercice. J'examinai le cœur, qui me parut être à l'état normal. Il y avait une répugnance invincible à prendre des médicaments. La menstruation était peu abondante, mais avait lieu régulièrement. Appétence des boissons froides,

qu'elle ne pouvait cependant prendre qu'en petite quantité; inappétence pour toute espèce d'aliments.

Après deux jours de repos, je prescrivis des bains à
la température de 33 à 34 degrés; mais elle les trouva
trop frais; elle éprouvait du bien-être dans ceux à 35°.
Je commençai par ne lui faire boire qu'une très-petite
quantité de notre eau savonneuse, édulcorée avec un
peu de sirop de capillaire. Son premier bain fut seulement de quarante minutes; les jours suivants, j'en augmentai la durée de cinq minutes, et bientôt elle put le
supporter de plus d'une heure sans en être fatiguée; ce
qu'elle n'eût pu faire en débutant. La quantité d'eau in-
gérée fut aussi augmentée. Au septième bain, la menstruation survint sans aucune espèce de malaise; ce qui
n'avait pas lieu ordinairement. Le sang fut plus abondant et plus riche en couleur.

Cinq jours après, nous reprîmes les bains à la même
température et d'une heure de durée. L'eau en boisson
fut portée à deux verres, que la malade prit sans répugnance et qu'elle digérait très-bien sans y mêler de sirop. Les bains furent bientôt d'une heure et demie; je
fis boire de l'eau des Cuvettes, plus minéralisée que la
première. La peau du visage commença à perdre sa couleur jaune-paille, les lèvres se colorèrent, l'appétit se
fit bientôt sentir; la malade désira même boire, au repas,
une petite quantité de vin avec notre eau minérale re-
froidie. Les palpitations du cœur disparurent, ainsi que
les douleurs abdominales.

Après avoir pris vingt-huit bains, dont je fis, vers la
fin, diminuer progressivement la durée, de manière à

finir par des bains de quarante à cinquante minutes, Mme M*** quitta Luxeuil avec l'apparence d'une excellente santé.

J'ai appris que cette dame avait eu un deuxième enfant, un an après son retour des eaux, et que depuis cette époque elle avait toujours joui de la santé la plus florissante.

ENTÉRITE CHRONIQUE

COMPLIQUÉE D'ENGORGEMENT MÉSENTÉRIQUE.

— 1845. —

M. Anatole M***, âgé de 11 ans, constitution faible, tempérament lymphatique. Cet enfant était accompagné de madame sa mère, qui m'expliqua parfaitement les différentes phases maladives que son fils avait parcourues péniblement pour arriver à l'âge où il était. Dès sa plus tendre enfance, ce jeune malade a présenté de fréquentes affections abdominales, dans lesquelles figuraient toujours l'irritation des intestins et l'engorgement des glandes du mésentère.

Au mois de janvier, il avait été atteint d'une entéro-péritonite violente, combattue par un traitement antiphlogistique assez énergique. Cette dernière affection a duré trois mois. Etant rentré au collége, il fut bientôt obligé de le quitter, parce que des vomissements survinrent à plusieurs reprises, accompagnés d'un dévoiement colliquatif et d'une grande sensibilité de l'abdomen. Ces accidents annonçaient évidemment le retour de la maladie. La muqueuse buccale se couvrit de plaques ulcérées qui subsistèrent pendant environ six semaines. Il est très-probable que d'autres parties de la muqueuse digestive participaient à cet état.

Après un nouveau traitement de deux mois, les symptômes perdirent de leur intensité; mais la moindre imprudence de régime ramenait la fièvre et des douleurs abdominales. On se décida à l'amener à Luxeuil.

J'examinai avec la plus grande attention l'état du bas-ventre de ce jeune malade : la pression déterminait encore un peu de sensibilité dans quelques points. La région ombilicale présentait un engorgement assez considérable, dont le siége me parut être le mésentère.

Je prescrivis des bains d'une heure, à la température de 33 à 34 degrés. Après le sixième bain de notre eau la plus minéralisée, je mêlai aux suivants moitié d'eau ferrugineuse : je permis seulement de boire, en trois ou quatre fois, un verre d'eau minérale édulcorée avec un peu de sirop de gomme.

A dater du douzième bain, ce jeune homme présenta de l'amélioration : les digestions se faisaient parfaitement; les nuits étaient bonnes; l'étiolement de la peau fut remplacé par une couleur rosée qui annonçait le retour à la santé; la gaîté revint, le besoin de l'exercice se fit sentir; il put faire de petites promenades; l'engorgement mésentérique avait sensiblement diminué.

Au vingtième bain, repos de cinq jours. Dix nouveaux bains demi-ferrugineux furent pris ensuite, après lesquels l'engorgement mésentérique avait entièrement disparu.

J'ai revu ce jeune malade chez ses parents, deux ans après; sa santé était parfaite : l'amélioration avait continué progressivement depuis son départ de Luxeuil.

ENTÉRITE CHRONIQUE DES GROS INTESTINS.

— 1849. —

Mme de la B***, âgée de 40 ans, d'une constitution faible, d'un tempérament lymphatique et nerveux, souffrait plus ou moins du bas-ventre depuis quatre ans. Ces douleurs étaient accompagnées d'une diarrhée qu'aucune médication n'avait pu arrêter. Elle était d'une grande faiblesse, et le moindre exercice à pied la fatiguait. Elle attribuait, en grande partie, le dérangement de sa santé à de vifs chagrins.

La maladie avait été accompagnée, à son début, d'une affection à l'utérus, qui avait été guérie par une des grandes autorités chirurgicales de Paris, qui ne put faire cesser la phlegmasie des gros intestins ni la diarrhée, qui avait persisté jusqu'à son arrivée à Luxeuil.

Un régime très-rationnel, prescrit par le médecin qui l'envoyait à nos eaux, fut suivi pendant quelque temps; mais l'action des bains m'obligea bientôt de le modifier.

Vingt-six bains d'une température moyenne, dans

7

lesquels entrait pour moitié notre eau ferrugineuse, furent donnés dans l'espace d'un mois. Elle fit usage, aux repas, de cette même eau ferrugineuse, qu'elle prit aussi par quart de lavement pendant quelques jours. Dans le bain, elle buvait une petite quantité d'eau thermale avec du sirop de coings.

Vers le quinzième bain, les forces avaient augmenté au point qu'elle pouvait faire, sans fatigue, des pormenades de plusieurs heures. L'appétit était revenu, le sommeil était calme et tranquille. Dès les premiers jours, la diarrhée s'était arrêtée. Après un séjour d'un mois à notre établissement, se sentant tout-à-fait bien, elle partit.

Huit mois après, cette dame m'écrivit que la maladie pour laquelle elle avait pris nos eaux n'existait plus, et que, sous ce rapport, sa santé était parfaite; mais elle me mandait qu'elle éprouvait un grand affaiblissement de la vue, me priant de lui dire si je pensais que les eaux de Luxeuil pussent la guérir. Ma réponse n'était pas très-propre à l'encourager : ce qui ne l'empêcha pas d'être à Luxeuil dès le mois d'avril.

Ayant examiné les yeux, je reconnus une amblyopie assez avancée, qui me fit craindre une amaurose. Malgré mon avis, qui n'était pas favorable à nos eaux, elle voulut en faire l'essai. Cette fois, je prescrivis, outre les bains, des douches sur la nuque et la partie supérieure du rachis.

Après six semaines de traitement, la vue paraissait être moins faible. Cette dame devant retourner à Paris, je l'engageai à consulter un praticien spécial.

Trois mois après elle m'écrivait que, comme l'état général de sa santé, ses yeux étaient très-bien. Nos eaux ont-elles eu quelque part à la guérison de cette dernière affection? C'est ce que je n'ose assurer.

GASTRO-ENTÉRITE CHRONIQUE.

— 1846. —

Mme C***, âgée de trente-six ans, d'une constitution délicate, d'un tempérament lymphatique, a joui jusqu'à l'âge de trente ans d'une assez bonne santé. A cette époque, elle eut une gastrite aiguë qui nécessita un traitement antiphlogistique énergique, suivi pendant plus de trois mois d'un régime très-sévère. Ennuyée de ce régime, elle voulut reprendre son ancienne manière de vivre; mais les digestions devinrent bientôt douloureuses ; sa constitution, naturellement un peu délicate, devint encore plus faible; l'amaigrissement et la pâleur remplacèrent la fraîcheur et l'embonpoint qu'elle avait présentés jusqu'alors. Enfin, après plusieurs rechutes et des médications infructueuses, elle se décida, d'après l'avis de son médecin, à venir réclamer le secours des eaux de Luxeuil.

Voici ce que cette dame présentait lorsqu'elle s'adressa à moi : Grande maigreur, pâleur de la peau et des lèvres, point d'appétit ni de sommeil, douleurs à l'épigastre, une ou deux heures après le repas; froid des extrémités, abattement et découragement, constipation. La menstruation avait toujours été assez régulière, mais fréquemment précédée de douleurs plus ou moins vives, et fournissant un sang pauvre et peu abondant.

Je lui fis prendre des bains de trente-cinq à trente-six degrés, de plus en plus prolongés, de manière à l'y laisser pendant deux heures. Elle commença par boire un verre d'eau des Cuvettes pendant la durée du bain, puis deux et enfin trois. L'estomac la digérait très-bien. Elle éprouvait encore un peu de douleur après le repas. Prescription d'une tasse de décoction de têtes de pavot.

Après le huitième bain, elle était sensiblement mieux : l'appétit se prononça ; j'accordai des aliments un peu plus substantiels et en plus grande quantité, ainsi qu'un peu de bon vin coupé d'eau:

La constipation, combattue avec l'eau des Cuvettes prise en lavement, avait un peu diminué. Je prescrivis celle du bain des Dames en boisson.

A dater du douzième bain elle fut encore beaucoup mieux ; le découragement et l'abattement firent place à l'espérance. Le besoin de prendre de l'exercice se fit sentir : des promenades de plus en plus longues furent très-bien supportées.

Après le quinzième bain, repos de trois jours, à la suite desquels elle en prit douze autres de la même manière que les premiers. La menstruation survint quelques jours plus tôt sans être précédée d'aucune douleur ; elle fut plus abondante et d'un sang plus riche. Cette dame partit cinq jours après, jouissant d'une santé qui ne s'est plus dérangée, m'a-t-elle fait savoir l'année suivante par une malade qu'elle m'adressa, laquelle présentait à peu près la même affection, dont elle a aussi parfaitement guéri, ainsi que d'une leucorrhée déjà ancienne qui la chagrinait beaucoup.

CATARRHE UTÉRIN.

— 1846. —

Mᵐᵉ P***, âgée de trente-sept ans, d'une forte constitution, d'un tempérament lymphatique, très-blanche de peau, avait été guérie en 1840 par les eaux de Luxeuil, d'une gastralgie qui durait depuis plus de deux ans. Sa seconde visite à nos eaux avait pour cause un écoulement leucorrhéique très-abondant, dont elle était tourmentée depuis trois ans, et qui avait résisté à tout ce qu'on avait employé pour le faire cesser. Son médecin s'était assuré que cet écoulement opiniâtre provenait de l'intérieur de l'utérus.

Je soumis cette malade à l'action de bains à trente-deux degrés, préparés avec de l'eau du bain des Dames coupée avec l'eau ferrugineuse. Je fis prendre en même temps avec ce mélange des douches locales continues. Deux verres d'eau ferrugineuse furent bus pendant le bain; elle en usait aussi aux repas, coupée avec du vin.

Dès les premiers jours, l'écoulement avait diminué. Au bout de quinze bains, il avait entièrement cessé. L'ayant fait reposer pendant six jours, je lui fis prendre douze nouveaux bains, après lesquels elle quitta Luxeuil se croyant tout-à-fait guérie.

Nota. — Je pourrais rapporter un grand nombre de guérisons de ces écoulements leucorrhéiques; mais très-peu des personnes qui en .étaient atteintes se sont présentées à nos bains pour cette affection seulement : elle accompagnait le plus ordinairement d'autres lésions ou en était un des symptômes. Presque tous les écoulements qui m'ont été déclarés ont cédé à un régime convenable et à l'administration de l'eau ferrugineuse prise en boisson et en bains.

PHLEGMASIES CHRONIQUES

DU TISSU MUSCULAIRE.

Beaucoup de causes peuvent produire ce genre d'affections; mais elles atteignent principalement les adultes et les vieillards d'un tempérament nervoso-sanguin, qui sont soumis par état à vivre dans des localités froides et humides, et sous l'influence des vicissitudes atmosphériques.

Le rhumatisme peut n'affecter qu'une région bornée du système musculaire; il peut aussi agir d'une manière erratique et dans quelques cas devenir général. Il se manifeste le plus ordinairement par un pouls dur et fréquent, une chaleur âcre, de l'anxiété générale, des douleurs fixes ou vagues des tissus, qui quelquefois sont si déchirantes qu'elles arrachent des cris aux malheureux qui en sont atteints. Ces atroces douleurs rendent souvent les mouvements impossibles et sont augmentées par la moindre secousse ou la plus petite pression; et cependant ces douleurs si violentes présentent rarement de la rougeur ou du gonflement dans les parties où elles se font si cruellement ressentir.

Lorsqu'un traitement énergique, approprié à l'idiosyncrasie du malade, a échoué ou n'a pas été appliqué à propos, l'affection passe à l'état chronique, en perdant de l'intensité des symptômes de la première période, celle d'acuité, qui varie de cinq à six jours à sept à huit semaines.

Je n'ai point ici à m'occuper de tous les moyens qui ont été employés contre cette maladie, soit rationnellement, soit d'une manière empirique et avec plus ou moins de bonheur ou d'insuccès, mais bien à rapporter quelques-uns des cas qui ont cédé à l'action de nos eaux.

RHUMATISME MUSCULAIRE.

— 1847. —

M. C***, ancien officier, âgé de soixante-six ans, d'une bonne constitution, d'un tempérament sanguin, fut obligé de quitter le service pour des douleurs rhumatismales du dos, des épaules, des bras et surtout des membres inférieurs, qui survenaient le plus ordinairement d'une manière brusque. Il avait été soumis, à différentes époques, à des médications qui ne produisirent que très-peu de soulagement; mais il n'avait jamais eu recours aux eaux thermales. Depuis plusieurs années il ne pouvait marcher qu'à l'aide d'une canne.

Je lui conseillai des bains à trente-six degrés, dans lesquels il resta d'abord une heure, puis deux heures et quelquefois davantage. Pendant ce temps, il buvait cinq à six verres d'eau thermale la plus minéralisée.

Dans l'après-midi, il prenait des douches générales à un seul jet, sous lesquelles il finit par rester de vingt à vingt-cinq minutes.

Dès le dixième bain, il put cesser de s'appuyer sur sa canne-béquille, dont il ne pouvait se passer auparavant. Au vingtième, il eut une crise qui se traduisit par des urines abondantes et épaisses. Comme ce malade était d'une très-forte constitution, nous ne suspendîmes ni les bains ni les douches : les premiers furent pris au nombre de trente et les douches à celui de vingt.

Quand il quitta Luxeuil, il n'éprouvait plus de douleurs et partit complètement guéri, comme il me l'a assuré lorsqu'il revint à nos eaux, deux ans après, pour une entorse datant de quatre mois, dont il fut très-soulagé.

RHUMATISME VAGUE.

M. L***, âgé de trente-quatre ans, d'une constitution forte, d'un tempérament éminemment sanguin, propriétaire d'une brasserie importante, était affecté depuis sept ans d'un rhumatisme vague, très-douloureux, qui s'était porté sur presque toutes les parties du système musculaire. Il avait fait une chute deux ans avant, qui produisit un tiraillement considérable des ligaments de l'articulation du pied gauche. C'est dans cette partie que, depuis lors, les douleurs se firent le plus souvent ressentir. Il venait réclamer le secours des eaux, autant pour les douleurs continuelles qu'il ressentait dans cette articulation que pour son rhumatisme.

Il éprouvait un sentiment de froid presque continuel des extrémités inférieures, et dont ni boissons ni frictions n'avaient pu le débarrasser.

Je lui fis prendre, comme au malade précédent, des bains à haute température, des douches générales et locales, ces dernières dirigées sur les extrémités pelviennes; de l'eau du bain des Dames en boisson, et dans la journée des tisanes diaphorétiques; frictions sur l'articulation malade, avec la pommade camphrée et belladonée.

Le douzième jour, toute douleur avait disparu; il n'éprouvait plus le froid excessif des pieds qui le tourmentait auparavant, et la douleur articulaire, qui déterminait à son arrivée aux eaux une légère claudication, avait complètement cessé. Il resta un mois à Luxeuil, temps pendant lequel il prit vingt-cinq bains et quinze douches.

RHUMATISME LOMBAIRE.

M. R***, négociant, âgé de quarante-cinq ans, d'une bonne constitution, d'un tempérament bilioso-nerveux. Ce malade avait été atteint trois ans auparavant d'une fièvre mucoso-bilieuse, qui finit par présenter les caractères d'une gastro-entérite avec un dévoiement qui résista aux moyens employés pendant près de deux ans. Depuis cinq à six mois, il prétendait être entièrement débarrassé de l'ancienne affection des voies digestives, bien que l'appétit ne fût pas encore franc, que les digestions ne se fissent que lentement et quelquefois d'une manière pénible.

Ce qui amenait M. R*** aux eaux était une faiblesse extrême des membres pelviens, qui ne lui permettait de marcher qu'à l'aide de béquilles ; faiblesse due à un rhumatisme lombaire très-douloureux.

Il aimait beaucoup la chasse, et se livrait souvent à cet exercice dans des terrains marécageux, où il fut fréquemment exposé à un froid humide. Sa maladie était survenue deux ans auparavant, au retour d'une de ces chasses.

Il éprouvait encore quelquefois des douleurs d'entrailles, qui survenaient principalement dans les temps froids et humides, mais qui l'inquiétaient peu, parce que l'application de serviettes chaudes sur le bas-ventre et quelques gouttes de laudanum en lavement le soulageaient assez promptement.

La maigreur du malade, le défaut d'appétit, les digestions lentes et quelquefois pénibles, et surtout le retour de douleurs assez vives qu'il éprouvait sous l'influence de certaines variations atmosphériques, me firent penser que le rhumatisme ne se bornait pas seulement à la région lombaire, mais que les organes abdominaux y participaient aussi.

Je prescrivis des bains à trente-cinq degrés d'une heure à deux heures de durée; pendant ce temps, il buvait deux ou trois verres d'eau thermale. Au bout de quelques jours, je fis administrer des douches en arrosoir sur les lombes, l'abdomen et les extrémités inférieures. Après le sixième bain, M. R*** m'annonça qu'il ne souffrait plus; qu'il ressentait beaucoup plus d'appétit : il lui semblait aussi avoir plus de force dans les jambes et de facilité à marcher. Nous n'avions donc qu'à continuer les moyens simples qui paraissaient si bien nous réussir. Au dixième jour, je vis M. R*** arriver sans béquilles dans mon cabinet, enchanté de son état. Les jours suivants, l'amélioration continuait, les digestions étaient parfaites, bien qu'il mangeât assez copieusement; le sommeil était excellent; ses forces lui permettaient de faire des promenades de plusieurs heures, sans fatigue et sans le secours d'une simple canne. Enfin, il partit dans un excellent état de santé, après avoir pris vingt-cinq bains et dix-huit douches. J'appris un an après qu'il n'avait point eu de récidive.

RHUMATISME ARTICULAIRE.

Jean-Baptiste B***, garçon de ferme, âgé de 32 ans, d'une bonne constitution, d'un tempérament nervoso-bilieux, avait été atteint deux ans avant, à la suite d'un refroidissement subit, de malaise général, de fièvre, etc., qui disparurent après quelques jours de repos. Se croyant en état de reprendre ses rudes travaux, il s'exposa trop tôt à la fatigue et à l'intempérie atmosphérique; ce qui détermina des douleurs déchirantes dans toutes les grandes articulations, principalement dans celles des genoux. Les divers plans aponévrotiques furent aussi très-affectés. L'agitation, l'insomnie, jointes aux angoisses morales, le tourmentèrent horriblement pendant les quinze premiers jours. Ayant bu abondamment d'une tisane sudorifique, il transpira beaucoup et se trouva un peu soulagé. Quelque temps après, il y eut une seconde rechute, avec des douleurs tout aussi intenses que la première fois. Cet état dura près de deux mois, et finit cependant par céder en partie; mais la station et la marche étaient impossibles sans le secours des béquilles.

La santé générale avait beaucoup souffert; cet homme, qui était fort et vigoureux avant sa maladie, était devenu maigre, pâle et d'une extrême débilité. Il y avait aussi un gonflement très-sensible aux deux genoux. C'est dans cet état qu'il se présenta à Luxeuil.

Je commençai par lui faire prendre des bains tempérés, dans lesquels je l'engageai à rester tout le temps qu'il s'y trouverait bien. Il buvait de cinq à six verres d'eau minérale, qu'il digérait parfaitement, et bientôt il en but jusqu'à huit verres pendant la durée de son bain, dans lequel il restait toujours au moins deux heures. Je lui ordonnai de prendre dans la journée deux ou trois tasses d'infusion de bourrache, et je lui prescrivis un régime tonique.

Après le quatrième bain, je lui fis prendre des douches générales d'un quart d'heure, ordonnant au doucheur de les diriger, pendant les cinq dernières minutes, sur les extrémités inférieures.

Au quinzième jour, je remplaçai les douches par des bains de vapeur de vingt minutes, pris dans l'après-midi. Déjà il allait beaucoup mieux ; l'embonpoint commençait à revenir, la pâleur avait disparu, les genoux n'étaient plus gonflés, et il pouvait faire quelques pas sans appui. Après le deuxième bain de vapeur, il se manifesta une crise, par la transpiration et les urines, qui devinrent abondantes et très-chargées.

Cette crise dura dix jours. Le malade, tout en allant beaucoup mieux, se sentait fatigué ; ce qui m'obligea à le laisser reposer pendant six jours. Après ce repos, je lui fis encore prendre dix bains et huit douches. Enfin, après quarante-cinq jours passés à Luxeuil, le malade partit dans un tel état d'amélioration, qu'il pouvait marcher très-bien à l'aide d'une simple canne.

L'année suivante il revint à nos eaux. Il me dit qu'il avait repris ses travaux, mais que pendant l'hiver il avait eu une petite rechute, et que, ressentant encore de légères atteintes pendant les temps froids et humides, il venait me prier de lui continuer mes soins pour achever sa guérison.

Cette deuxième saison a eu tout le succès désiré. Ce brave garçon m'a fait savoir, six mois après, qu'il était complètement guéri.

PARALYSIE DES MEMBRES INFÉRIEURS.

— 1847. —

La nommée M. M***, âgée de 22 ans, d'une constitution forte, d'un tempérament nervoso-sanguin, femme d'un pauvre ouvrier, avait eu, dix-huit mois avant de venir aux eaux, une grande frayeur causée par l'incendie de la maison qu'elle habitait. Cette femme, se sauvant presque nue et sans chaussure, tomba évanouie, exposée à un air très-froid, et resta ainsi assez longtemps avant qu'on songeât à s'occuper d'elle. On la transporta enfin chez une voisine, dans un état des plus alarmants; les règles, qu'elle avait alors, se supprimèrent; il survint différents accidents, qui pendant quelque temps firent craindre pour les jours de la malade.

Lorsque sa vie fut hors de danger, elle se plaignit des fortes douleurs qu'elle éprouvait dans presque toutes les articulations, mais principalement dans celles des genoux et des pieds, où on remarquait beaucoup de rougeur et un gonflement considérable, qui, combattus assez énergiquement, ne tardèrent pas à disparaître; mais la station et la marche devinrent impossibles. Les digestions, depuis son accident, étaient languissantes; le sommeil était souvent interrompu et plus fatigant que réparateur. C'est dans cet état que cette pauvre femme vint réclamer le secours de nos eaux.

Je lui fis prendre des bains très-tempérés, dans lesquels elle restait près de deux heures. Je la mis à l'usage de l'eau thermale, qu'elle buvait en abondance, coupée avec du lait. J'ordonnai aussi des douches légères, en arrosoir, sur les articulations des membres pelviens.

Vers le dixième jour, il y avait déjà de l'amélioration : les digestions se faisaient facilement, le sommeil devint calme et tranquille; mais la marche était toujours impossible. Au quinzième bain, le mieux était encore plus sensible : les genoux avaient plus de force, elle pouvait se tenir debout étant appuyée. Continuation des mêmes moyens, en augmentant cependant un peu la chaleur du bain, la force et la durée des douches. Après vingt-cinq bains et vingt douches, elle cessa l'usage des eaux. Il y avait alors une grande amélioration. Ayant eu occasion de la voir six semaines après, je la trouvai pouvant faire quelques pas. Tous les jours elle put marcher un peu plus; et enfin sa guérison était parfaite trois mois après. La menstruation se rétablit, et depuis cette femme s'est toujours bien portée.

HYDARTHROSE DES GENOUX.

— 1846. —

M. M***, âgé de 50 ans, d'une constitution faible, d'un tempérament nerveux, s'est toujours livré à la culture de ses terres. Ce malade avait d'abord été atteint de rhumatismes articulaires très-douloureux, qui finirent par se calmer, mais qui laissèrent de la gêne dans la marche. Il accusait aussi de la douleur dans les articulations des pieds et des genoux, surtout du côté droit. L'ayant examiné, je trouvai les genoux très-gonflés, et la percussion m'y fit reconnaître un épanchement manifeste. Quant aux articulations des pieds, elles ne présentaient rien de sensible à l'œil ni au toucher.

M. M*** avait employé bien des choses sans avoir obtenu le moindre soulagement; il lui semblait, au contraire, que le volume des genoux augmentait depuis quelque temps.

Je lui fis prendre des bains à 32° et des douches légères, en arrosoir, sur toute l'étendue des membres pelviens. Je remplaçai ensuite les douches par des bains de vapeur.

Les bains tempérés duraient d'une à deux heures, temps pendant lequel il buvait quatre à cinq verres de l'eau la plus minéralisée. Je fis faire sur les genoux des frictions avec une pommade dans laquelle entrait l'onguent mercuriel double, l'hydrate de chaux, le sel ammoniaque et le soufre sublimé.

Au quinzième jour, il n'y avait plus de gonflement: les genoux paraissaient dans l'état le plus normal; il n'éprouvait plus aucune douleur. Il acheva sa saison de vingt-un bains et partit. J'ai su depuis qu'il avait continué à se très-bien porter.

GASTRALGIE CHRONIQUE.

— 1846. —

Tous les praticiens savent combien il est difficile de distinguer, dans la plupart des cas, les affections nerveuses de celles qui participent de l'état phlegmasique, surtout lorsqu'il est question des lésions des voies digestives. C'est pourquoi je me suis attaché, dans les observations que je vais présenter des névroses de l'appareil digestif, à ne citer que celles dont le diagnostic me paraît le mieux établi.

Mlle D***, âgée de 23 ans, d'une constitution faible, d'un tempérament nerveux bien tranché, présentait depuis plus de deux ans des symptômes prononcés de gastralgie, se manifestant par le pyrosis ou par des crampes d'estomac dont on la soulageait un peu par de fortes pressions sur la région épigastrique. Tantôt il y avait inappétence pour toutes espèces d'aliments; d'autres fois une faim excessive, qu'elle satisfaisait assez souvent sans

en souffrir; mais quelquefois aussi la moindre ingestion
d'aliments produisait des éructations acides douloureuses et des vomissements le plus ordinairement suivis de
défaillance. Le pouls était déprimé mais assez régulier. Elle était presque toujours triste et très-irascible,
bien que d'un caractère habituellement doux et très-
disposé à la gaîté.

Des symptômes hystériques se joignaient presque pé-
riodiquement à ceux de la névrose des voies digestives.
Cette demoiselle conservait assez d'embonpoint; la langue était rose, la bouche un peu pâteuse; l'évacuation
menstruelle, sans être abondante, était régulière.

Six bains tempérés de 30 à 32° furent pris avant l'é-
poque menstruelle, laquelle avança de deux semaines,
ce qui nous obligea à un repos de cinq jours. A la
reprise du traitement, les bains furent d'abord très-courts;
mais bientôt ils purent être supportés sans fatigue pendant plus de deux heures : l'eau savonneuse fut donnée
en boisson, d'abord coupée avec une infusion de tilleul
édulcorée avec le sirop de gomme, puis elle fut prise
seule. Enfin, la malade finit par très-bien supporter celle
du bain des Cuvettes. Une douzaine de douches écossaises furent administrées sur les épaules, le dos, le bassin
et les extrémités inférieures. Le régime alimentaire con-
sistait en des potages au lait, des fécules, des végétaux
bien cuits, des viandes rôties, un peu de poisson grillé
et des compotes de fruits.

Dès les premiers jours il y eut de l'amélioration; tous
les symptômes diminuèrent progressivement; l'appétit
devint régulier, l'embonpoint et les forces augmentè-

rent de manière à pouvoir faire des promenades assez longues.

Après un séjour d'un mois à Luxeuil, elle partit, convaincue qu'elle était, sinon entièrement guérie, du moins en grande voie de guérison.

J'ai appris que cette demoiselle s'était mariée et jouissait d'une parfaite santé.

GASTRO-ENTÉRALGIE.

M. G***, âgé de 65 ans, d'une constitution sèche, d'un tempérament essentiellement nerveux, ancien militaire, maintenant cultivateur très-aisé, avait été atteint, cinq ans auparavant, d'une phlegmasie des voies digestives, à laquelle une espèce d'empirique appliqua un traitement très-peu rationnel, et conseilla ensuite un régime qui ne pouvait que perpétuer cette irritation. Ce malade avait été un peu soulagé par les eaux de Luxeuil et celles de Plombières. Voici quel était son état, lorsqu'en 1846 il revint à Luxeuil pour la deuxième fois.

Après l'ingestion des aliments, il éprouvait des crampes de l'estomac et surtout des chaleurs brûlantes très-douloureuses, auxquelles succédaient des douleurs assez vives des intestins. Il y avait une constipation des plus opiniâtres; l'estomac était douloureux à la pression, le pouls déprimé et intermittent.

Je fis commencer les bains à une température moyenne,

et, comme dans l'observation précédente, j'en augmentai progressivement la durée. Après le cinquième bain, je fis prendre des douches en arrosoir, promenées sur tout le corps, excepté la région de l'estomac et le bas-ventre. L'eau des Cuvettes donnée en boisson fut très-bien digérée. Tous les jours il prenait des lavements de la même eau, qui firent disparaître la constipation au bout de dix ou douze jours.

Les symptômes diminuaient progressivement d'intensité; cependant il y avait toujours un peu de douleur d'estomac après le repas, et quelquefois de légères coliques se faisaient sentir. Je lui ordonnai de prendre, après chaque repas, une cuillerée à café d'une potion préparée avec 5 centigrammes d'acétate de morphine dans 100 grammes d'eau distillée de laitue. Bientôt ces derniers accidents disparurent, et dès lors ce malade ne cessa d'aller de mieux en mieux. Il quitta Luxeuil après avoir pris trente bains et quinze douches.

Je l'ai revu deux fois depuis : il me dit qu'en suivant le régime que je lui avais prescrit il s'était bien porté, mais qu'ayant voulu s'en écarter trop tôt, il avait été obligé d'y revenir, parce que les douleurs d'estomac et des intestins, ainsi que la constipation, avaient de la tendance à se reproduire.

HYSTÉRIE.

— 1846. —

Mme S***, âgée de 50 ans, d'une constitution délicate, d'un tempérament nerveux. Ménopause à 47 ans, à la suite de laquelle cette dame eut une fièvre intermittente, qui s'est reproduite plusieurs fois. La fièvre intermittente fut remplacée par des symptômes hystériques qui m'étaient signalés par son médecin, dont elle me remit une lettre contenant l'exposition suivante de sa maladie :

« Perturbation fréquente des fonctions du système nerveux, découragement et faiblesse, spasmes, palpitations du cœur et des gros vaisseaux, dyspepsie, amaigrissement, fausses digestions, coliques, diarrhées bilieuses, etc., revenant par accès, brusquement, et disparaissant avec la même rapidité, pour faire place à l'apparence de la meilleure santé. »

Après deux jours de repos, je commençai par lui faire prendre des bains tempérés d'une heure ; tous les jours elle en augmenta la durée, de manière à y rester deux heures. Pendant son bain, elle prenait deux ou trois verres d'eau savonneuse, que je fis bientôt couper avec l'eau ferrugineuse. Dans l'après-midi, elle prenait des douches écossaises, d'abord de cinq minutes de durée, portées graduellement jusqu'à douze minutes.

Cette médication, aidée d'un régime doux et de quelques promenades, produisit bientôt le plus heureux effet. Pas le moindre accident ne vint troubler cette amélioration, et au bout de vingt-cinq jours de traitement elle paraissait jouir de la meilleure santé.

Comme, avant de venir aux eaux, elle avait eu d'assez longues intermittences d'un état passable, je n'osais croire à son entière guérison. Je crus être confirmé dans ma crainte, lorsque je la vis l'année suivante entrer dans mon cabinet avec son mari ; mais ce fut pour m'assurer qu'elle ne revenait à Luxeuil que par reconnaissance et pour revoir les lieux où elle avait recouvré la santé.

Un an après cette dernière visite à nos eaux, je l'ai revue chez elle, à Lyon, continuant à se très-bien porter.

PALPITATIONS DU CŒUR

(CARDIOPALMIE).

Le jeune Henri La G***, âgé de 9 ans, d'une bonne constitution, d'un tempérament nerveux, avait été, trois ans auparavant, atteint d'une fièvre muqueuse dont il avait très-bien guéri.

Un an avant son arrivée à Luxeuil, il avait eu une pleurésie qui fut combattue par un traitement antiphlogistique. A cette pleurésie succédèrent des palpitations pour lesquelles on administra des préparations de digitale. Son médecin crut d'abord à une affection organique du cœur ; mais bientôt rassuré, et reconnaissant une névrose de la circulation, il l'envoya à Luxeuil, jugeant qu'une saison des eaux le préparerait à une entière guérison. Le pouls battait cent-vingt fois par minute, et souvent d'une manière violente et tumultueuse.

Lorsque je vis cet enfant pour la première fois, je l'examinai avec la plus grande circonspection, tant par l'auscultation que par la percussion. Partageant complètement le diagnostic de son médecin, dont au reste je connais la haute capacité, je ne balançai pas à lui faire prendre des bains, tout en le soumettant à un régime adoucissant et à un exercice très-modéré.

Je le fis placer dans la case la moins chaude du Bain-Gradué. Je ne l'y laissai d'abord que pendant une demi-heure. Les jours suivants, il y resta un peu plus longtemps, mais néanmoins jamais plus d'une heure. Il ne buvait qu'une petite quantité de l'eau de la fontaine d'Hygie.

Tous les jours j'examinais mon jeune malade avec attention. Au bout du dixième bain, il était beaucoup mieux ; son pouls ne battait plus que cent fois. Après vingt-un bains, il était mieux encore, et le pouls était descendu à quatre-vingt-quinze pulsations.

L'année suivante on m'amena le jeune Henri, qui continuait à jouir d'une bonne santé. Mais les parents, conservant toujours quelque inquiétude, craignaient le retour des palpitations. Il reprit donc une deuxième saison de bains, qui ne fit que consolider sa santé.

NÉVROSE

AFFECTANT DIFFÉRENTES FONCTIONS DE L'ORGANISME.

Mlle G. M***, âgée de 37 ans, rachitique, présentant une gibbosité considérable à la partie supérieure droite de la colonne vertébrale, avait joui jusqu'à l'âge de 33 ans d'une assez bonne santé, à part l'affection du rachis. A cette époque, un accident produisit sur cette femme une telle frayeur, qu'il en résulta dans l'innervation des accidents de toutes sortes qui se traduisirent, m'écrivait son médecin, par les symptômes suivants : « Vomissements de matières alimentaires mêlées de sucs gastriques, constipations, pyrosis, refroidissement habituel des extrémités, toux catarrhale, fréquents accès fébriles, faiblesse extrême des membres pelviens qui lui permettait à peine de marcher ; la menstruation manquait quelquefois, et lorsqu'elle avait lieu ce n'était jamais que faiblement. »

Son médecin, ayant lutté plusieurs années contre ce fâcheux état, n'obtenant presque plus d'amélioration, mais, au contraire, s'apercevant que quelques-uns des symptômes s'aggravaient, depuis surtout la cessation complète de l'écoulement périodique remontant déjà à huit mois, prit le parti de l'envoyer aux eaux.

Je lui fis prendre d'abord des bains tempérés de vingt-cinq à trente minutes, dont j'augmentai graduellement la durée et la température : au bout de dix jours, elle les prenait à 35° et elle y restait sans fatigue pendant une heure et demie à deux heures. Elle buvait trois ou quatre verres d'eau du bain des Dames, coupée avec un peu d'eau ferrugineuse. La constipation fut combattue par l'eau des Cuvettes prise en lavement. Elle prenait aussi, depuis quatre jours, des douches générales en arrosoir, de cinq minutes seulement.

A cette époque, il y avait déjà beaucoup d'amélioration ; les forces revenaient, les vomissements avaient cessé dès les premiers jours, ainsi que la toux. Au bout du douzième bain, la menstruation reparut et fut aussi abondante qu'avant la maladie.

Après un repos de cinq jours, elle recommença les bains et les douches ; ces dernières furent portées à douze minutes de durée. Au bout de quinze jours de cette seconde reprise de l'usage des eaux, il y eut une velléité de menstruation, mais qui n'eut pas de suite. Elle avait pris alors vingt-sept bains et quinze douches.

Elle resta encore huit jours à Luxeuil, ne faisant usage des eaux qu'en boisson. Pendant ces huit jours elle ne présenta aucun des accidents qui la tourmentaient depuis quatre ans.

J'en eus des nouvelles six mois après : elle avait continué à se bien porter, et la menstruation était parfaitement rétablie.

CÉPHALALGIE ANCIENNE.

— 1847. —

M. B***, d'une assez bonne constitution, d'un tempérament nerveux, faisant le commerce de soierie en grand,
éprouvait des maux de tête presque continuels depuis
quatre ans. Plusieurs médications restèrent sans succès ;
les eaux de Bade et de Niederbronn ne produisirent pas
plus de soulagement.

Ayant vu une personne qui avait été guérie par nos
eaux d'une céphalée semblable à la sienne, il se décida
à venir essayer d'en retirer les mêmes bénéfices.

Après avoir questionné et examiné attentivement le
malade, je reconnus que son affection était due à des
veilles prolongées, nécessitées par ses affaires commer-
ciales ; à des contentions d'esprit qui avaient trop excité la sensibilité nerveuse. Ce qu'il me raconta de ses
souffrances antérieures excluait dans ma pensée tout état
phlegmasique du cerveau ou de ses membranes. Je m'assurai aussi que l'hérédité, les métastases goutteuses ou
rhumatismales, ni aucune espèce de virus ne pouvaient
entrer pour rien dans les maux de tête que M. B*** éprouvait.

Je lui prescrivis un régime presque tout végétal.
J'exigeai le plus grand repos de l'esprit, et lui recom-
mandai de ne jamais pousser ses promenades jusqu'à la

fatigue. Après l'avoir fait reposer deux jours, je commençai par le faire se baigner dans la case tempérée du Bain-Gradué pendant une heure d'abord, puis deux heures et même plus. Je fis appliquer sur la tête des compresses d'eau fraîche tout le temps qu'il restait au bain, et boire trois verres de notre eau la plus minéralisée. Des douches en arrosoir furent aussi administrées sur tout le corps, excepté sur la tête. Je lui ordonnai, lorsque les douleurs se feraient sentir dans la journée, des lotions sur la tête avec un mélange d'eau distillée de laurier-cerise et d'éther sulfurique. Je combattis la constipation qu'il éprouvait avec l'eau thermale prise en lavements.

Je prescrivis aussi, en pilules, une petite quantité de sulfate de quinine, associé à l'extrait gommeux d'opium.

Après le cinquième ou sixième bain, M. B*** ne souffrait presque plus : les nuits étaient bonnes ; les digestions se faisaient bien, et cet état ne fit que s'améliorer le reste du temps qu'il passa à Luxeuil. Il partit après avoir pris vingt-cinq bains et quinze douches.

On pourrait attribuer la guérison de ce malade plutôt aux médicaments que je lui ordonnai qu'à l'action des eaux : je réponds à cela que des médications analogues avaient eu lieu plusieurs fois sans aucun soulagement.

NÉVRALGIE FÉMORO-POPLITÉE

(SCIATIQUE).

— 1847. —

Mme R***, âgée de 62 ans, d'une bonne constitution, d'un tempérament nervoso-sanguin, depuis la ménopause, qui a eu lieu à 50 ans, a éprouvé dans diverses régions de l'organisme des douleurs vagues nerveuses, paraissant à des intervalles plus ou moins réguliers, combattues sans grand succès par divers remèdes antispasmodiques. Les choses se passèrent ainsi pendant une dixaine d'années. Lorsqu'elle vint à Luxeuil, il y avait deux ans que la maladie était fixée sur le grand sciatique du côté gauche, où elle ressentait de violentes douleurs, depuis surtout qu'elle avait été exposée dans une voiture ouverte à l'action d'un air très-froid et humide.

Cette dame pouvait à peine marcher à l'aide de béquilles. La jambe du côté malade présentait un état œdémateux considérable, et quelquefois il s'y développait une inflammation érysipélateuse.

Ayant hâte de commencer un traitement dont elle attendait un grand soulagement, elle était à Luxeuil dès le 20 mai. Je lui fis prendre de suite des bains à 35°, d'une heure d'abord, puis de deux et davantage. Elle buvait pendant le bain cinq à six verres d'eau la plus minéralisée. Au bout de quelques jours, je lui fis administrer dans l'après-midi des douches générales d'un quart d'heure; et, pendant les cinq dernières minutes, je les fis diriger sur toute l'étendue du nerf siége de la douleur.

Vers le dixième jour, il survint un érythème sur le corps, le bassin et les membres pelviens; érythème qui fut remplacé le quinzième jour par des sueurs générales abondantes qui durèrent six jours. A cette époque, cessation des bains et des douches; continuation des boissons. Pendant les dix ou douze jours qui suivirent, aucune douleur n'avait été ressentie, malgré le temps, qui fut presque continuellement froid et pluvieux. La jambe était revenue à l'état normal : plus de gonflement ni de rougeur.

La température s'étant améliorée, nous recommençâmes l'usage des bains et de quelques douches pendant encore dix jours, au bout desquels elle quitta Luxeuil dans un parfait état de santé, qui se continua, comme je l'ai su depuis.

PARAPLÉGIE.

— 1849. —

A. Q***, jardinier, âgé de 43 ans, d'une forte constitution, d'un tempérament sanguin, porteur d'un certificat d'indigence. Ce malheureux avait toutes les fonctions sous-diaphragmatiques complètement paralysées. Il lui était impossible de se tenir debout, même avec des béquilles. Il attribuait ce misérable état, qui durait depuis seize mois, au travail pénible de son métier, auquel il s'était toujours livré, quelque temps qu'il fît.

J'ordonnai des bains prolongés à haute température, des bains de vapeur; des douches énergiques à un seul jet, promenées sur la colonne vertébrale, l'abdomen, le bassin et les cuisses. Comme les voies digestives étaient saines, je lui fis boire, pendant la durée du bain, de sept à huit verres de notre eau la plus minéralisée, dont il usait aussi aux repas.

Après quinze jours de ce traitement, le malade fut un peu mieux; ses mouvements étaient plus faciles; il pouvait se tenir quelques instants debout, en s'appuyant, ce qu'il n'aurait pu faire auparavant; mais il lui était toujours impossible de faire un mouvement des jambes.

Il continua le même traitement pendant dix jours encore, et partit se trouvant mieux : il pouvait retenir plus facilement les garde-robes et les urines, qui auparavant étaient émises involontairement.

L'année suivante, ce malade revint à Luxeuil, pouvant marcher à l'aide de béquilles. Il me raconta que le mieux produit par les eaux avait continué au point qu'il avait pu se livrer à quelques petits travaux de jardinage. Quant aux urines et aux garde-robes, il en était tout-à-fait maître.

Je recommençai les moyens mis en usage l'année précédente. Cette fois les progrès de guérison furent si rapides, qu'après dix jours seulement il put faire de petites promenades sans béquilles. Tous les jours on s'apercevait que cet homme allait de mieux en mieux.

Enfin, au bout de vingt-cinq jours, il pouvait marcher pendant plusieurs heures sans éprouver de fatigue. Il faisait de longues promenades dans nos bois, en société d'un autre baigneur qui venait se faire traiter à Luxeuil de rhumatismes qui lui permettaient à peine de marcher, et dont il fut promptement débarrassé à l'aide de nos bains et de nos douches.

HÉMIPLÉGIE DU COTÉ DROIT.

— 1848. —

M. S***, âgé de 36 ans, boulanger, d'une forte constitution, d'un tempérament sanguin. Cet homme avait été frappé d'une apoplexie cérébrale dix-huit mois avant de se présenter à Luxeuil. Une médication énergique et rationnelle avait ramené progressivement l'action musculaire des parties inférieures du côté droit paralysé, ainsi que la vue de l'œil du même côté ; mais tout ce qu'avait pu faire l'excellent praticien qui me l'adressait n'avait produit aucune amélioration sur le bras.

Avant de commencer l'usage des eaux, je crus devoir faire une assez large saignée à cet homme, qui me présentait tous les caractères d'une constitution extrêmement pléthorique.

Je lui fis ensuite prendre des bains à 34°, dans lesquels il restait une heure et demie. Il buvait pendant ce temps trois verres de l'eau du bain des Cuvettes. Plus tard, je lui fis boire l'eau plus minéralisée. Des douches assez fortes furent dirigées sur la colonne vertébrale et le bras paralysé.

Au quinzième jour de ce traitement, les mouvements du bras étaient revenus au point de pouvoir mettre sa cravatte et de porter la main sur la tête. Mais, à cette époque, le malade éprouvant un peu de céphalalgie, le pouls étant très-développé, je pratiquai une autre saignée et je le fis reposer pendant trois jours.

Après ce temps, il recommença les bains et les douches. Au vingt-cinquième bain, se trouvant tout-à-fait bien, il partit.

LÉSIONS DU SYSTÈME LYMPHATIQUE

(RACHITISME.).

— 1848. —

La jeune Françoise B***, âgée de neuf ans, de faible constitution, de tempérament lymphatique, ayant la face étiolée et pâle, éprouvait une douleur constante de la cuisse et de l'os des iles du côté droit. Cet état produisait une claudication considérable. La colonne vertébrale, courbée à la partie supérieure, produisait une gibbosité sous l'omoplate droite, qui de temps en temps était douloureuse, pour laquelle on avait infructueusement appliqué des ventouses et des vésicatoires. Cette enfant était très-sujette aux vers ; elle rendait fréquemment des ascarides et des lombrics. Jusqu'à l'âge de 7 ans, elle avait presque toujours présenté un état fébrile. Vers cette époque, l'état fébrile cessa; ce fut seulement alors qu'on s'aperçut que la hanche et l'épaule du côté droit étaient plus développées que celles du côté gauche, et que cette jeune malade avait la marche gênée et difficile.

Je fis prendre des bains de notre eau la plus minéralisée, à laquelle je faisais ajouter de l'eau ferrugineuse.

Cette dernière fut aussi donnée en boisson. Des douches en arrosoir furent promenées sur tout le corps. J'ordonnai de faire, chez elle, des frictions sur le rachis et les membres, avec une flanelle sur laquelle on recevait de la vapeur de baies de genièvre projetées sur des charbons. Je prescrivis une nourriture analeptique et un peu de vin vieux aux repas.

Après vingt-cinq jours de ce traitement et du régime prescrit, la jeune B*** présentait une grande amélioration : la peau était plus colorée et plus ferme, ses yeux avaient plus de vivacité; il n'y avait plus de claudication; la gibbosité paraissait avoir diminué, ainsi que le gonflement de l'os des iles du côté droit. Pendant tout le temps qu'elle resta à Luxeuil, elle ne rendit point de vers d'aucune espèce. Elle prenait, vers la fin de son traitement, de l'exercice avec plaisir, tandis qu'auparavant elle y répugnait beaucoup.

Je la fis se reposer dans l'intention de recommencer une deuxième saison; mais, un temps froid et pluvieux étant survenu, les parents désirèrent retourner chez eux.

Huit mois après, j'ai eu des nouvelles de cette petite malade, dont la santé était bien meilleure qu'avant son arrivée à Luxeuil.

LÉSIONS ORGANIQUES PARTICULIÈRES DES VISCÈRES.

ENGORGEMENT DU FOIE

(HÉPATITE CHRONIQUE).

Mme J***, âgée de 38 ans, d'une constitution forte, d'un tempérament nervoso-bilieux, habite les montagnes de la Suisse, où elle est propriétaire. Dix-huit mois avant son arrivée à Luxeuil, elle avait ressenti des douleurs sourdes dans la région hépatique, qui lui paraissait augmenter de volume. S'étant fait examiner par son médecin, celui-ci reconnut un engorgement considérable du gros lobe du foie, qui augmenta encore malgré les soins qu'il apporta pour en obtenir la résolution. Mme J*** ne savait à quelle cause attribuer son affection.

Après quelque temps d'une médication assez active, les douleurs cessèrent et le volume du foie parut enfin ne plus augmenter. Son médecin l'engagea à se rendre aux eaux de Luxeuil, où il avait déjà envoyé plusieurs malades présentant des affections semblables, dont ils avaient été guéris ou au moins très-soulagés.

Lorsque j'examinai cette dame, je trouvai effectivement le gros lobe du foie très-développé, et, en l'explorant avec attention, je m'assurai qu'il présentait encore un peu de douleur vers sa partie concave.

Après l'avoir laissée se reposer pendant trois jours, lui avoir fait appliquer des cataplasmes émollients et boire quelques verres de tisane de saponaire avec addition d'un peu de carbonate de potasse, ne déterminant plus de douleur par le toucher, je commençai à lui faire prendre des bains tempérés, dans lesquels elle resta pendant une heure et demie, mais que je portai bientôt à deux heures et même plus. Pendant ce temps elle buvait, par petites portions, deux ou trois verres d'eau ferrugineuse. Aux repas, elle usait de cette même eau coupée avec un peu de vin. Dans la journée elle en buvait aussi un ou deux verres, en se promenant au jardin.

Au quatrième jour, je lui fis administrer des douches assez fortes, en arrosoir, dirigées sur tout le corps, et principalement sur les parties voisines de l'engorgement. Le soir, des bains de pieds synapisés ; et, pour la nuit, application sur la région du foie de cataplasmes préparés avec de la carotte râpée, après avoir préalablement fait une friction avec la pommade mercurielle. Ces moyens, ou d'analogues, avaient été souvent employés avant son arrivée aux eaux ; mais le volume du foie était resté le même.

Au dixième bain, l'engorgement avait beaucoup diminué. Au vingtième, il avait presque entièrement disparu ; enfin, au bout d'un mois de séjour à Luxeuil, elle était tout-à-fait bien. Pendant ce temps, elle avait pris vingt-cinq bains et vingt douches.

Dans la même saison, j'eus à soigner deux autres de ses compatriotes, atteints de la même affection, et dont le traitement eut des résultats tout aussi heureux.

ENGORGEMENT CONSIDÉRABLE DE LA RATE

(SPLÉNITE CHRONIQUE).

— 1848. —

Mme C***, âgée de 33 ans, d'une bonne constitution, d'un tempérament bilieux, était récemment arrivée de l'Algérie. Pendant les six années qu'elle a séjourné en Afrique, elle avait plusieurs fois été atteinte de fièvres intermitentes, dont les premières cédèrent au sulfate de quinine. La dernière, contractée un an auparavant, accompagnée de diarrhée dysentérique, ayant opiniâtrement résisté au spécifique. Les médecins lui conseillèrent de retourner en France. Peu de temps après son arrivée dans son pays natal, la fièvre intermittente et la diarrhée ne tardèrent pas à disparaître; mais il restait un engorgement considérable de la rate, compliqué de douleurs sourdes du rein gauche.

Elle accusait aussi une irritation dans la région utérine et un écoulement leucorrhéique abondant; quelques symptômes d'hystérie se manifestaient aussi quelquefois.

Avant de commencer à lui faire suivre le traitement des eaux, je voulus combattre par les moyens ordinaires les quelques symptômes d'inflammation qu'elle présentait.

Au bout de douze jours, la trouvant convenablement disposée, je lui fis prendre des bains tempérés, dans lesquels elle commença par rester une demi-heure, puis une heure, une heure et demie et même davantage. L'eau ferrugineuse fut donnée en boisson, même aux repas. Je prescrivis des douches en arrosoir sur le dos, les lombes, le bassin et les cuisses; un régime tonique, des frictions mercurielles et iodées sur la région de la rate.

Cette dame ne tarda pas à se trouver mieux ; les petites douleurs sourdes de la région rénale disparurent d'abord, puis celles du bas-ventre. La leucorrhée avait aussi beaucoup diminué. Le volume de la rate resta le même pendant les dix premiers bains ; mais, l'état général devenant de jour en jour plus satisfaisant, cette dame avait l'espérance de son entière guérison. Son attente ne fut point trompée, car, au quinzième bain, elle m'annonça qu'il y avait une diminution sensible dans le volume et la dureté de l'organe hypertrophié. Je trouvai cette diminution moins considérable que ne l'annonçait la malade ; cependant il y avait de l'amélioration. Mme C*** put dès lors faire d'assez longues promenades, qu'elle prolongea tous les jours davantage. Au vingt-cinquième bain, l'engorgement avait diminué de plus de moitié. La menstruation étant survenue, je fis reposer la malade pendant six jours, après lesquels elle prit encore dix bains et quelques douches, qui firent entièrement disparaître l'engorgement de la rate.

J'ai appris qu'elle jouissait d'une très-bonne santé, lorsque, quatre mois après son retour des eaux, elle avait été rejoindre son mari en Algérie.

CONCRÉTIONS URINAIRES.

— 1847. —

Mlle T***, âgée de 39 ans, d'une constitution forte, d'un tempérament lymphatique, n'est chargée d'aucun travail pénible. Depuis longtemps elle rendait de petits graviers rouges, dont la présence ne s'était manifestée, pendant les premiers mois, par aucune douleur; mais, depuis plus d'un an, elle éprouvait assez fréquemment des douleurs néphrétiques très-vives, qui survenaient brusquement et qui ne cessaient que lorsque des concrétions urinaires, en assez grande quantité, étaient rendues avec les urines. Ces dernières, quelquefois, n'étaient émises que très-difficilement et pour ainsi dire goutte à goutte.

Le lendemain de son arrivée à Luxeuil, cette demoiselle ressentit de grandes douleurs dans les lombes et la région des reins, ainsi que dans la direction des uretères, avec un sentiment très-pénible de courbature dans la région antérieure des cuisses. Il y avait impossibilité d'émettre les urines; ce qui m'obligea de recourir à la sonde pour vider la vessie, qui était saillante au-dessus du pubis et très-douloureuse.

Je lui fis prendre de suite un bain chez elle, dans lequel je la laissai pendant deux heures. Dans la soirée, elle urina très-bien et rendit une grande quantité de graviers, dont quelques-uns avaient la grosseur d'un grain de millet. Je les examinai et les trouvai presque entièrement composés d'acide urique.

Les jours suivants elle put descendre à l'établissement et rester dans le bain tempéré pendant deux ou trois heures. Elle y buvait de six à sept verres d'eau minérale, quelquefois pure, d'autrefois coupée avec une décoction de queues de cerises. Je la mis à un régime presque tout végétal, ne lui permettant aux repas que de la bière légère coupée avec l'eau minérale. Je prescrivis aussi des douches en arrosoir dirigées sur la région lombaire.

Les huit premiers jours elle rendit une grande quantité de graviers assez gros, et sans aucune espèce de douleur.

Pendant son séjour aux eaux, elle prit vingt-cinq bains et quinze douches. Je la revis huit mois après ; elle n'avait presque plus rendu de graviers, et, lorsque cela arrivait, c'était toujours sans douleur. Il y avait une grande amélioration.

Je crois devoir ajouter à cette observation un fait dont il faut attribuer l'honneur à l'heureuse influence de nos eaux thermales :

M. de V. F***, ancien officier de la maison du roi

Charles X, âgé de 90 ans, d'une bonne constitution, d'un tempérament nerveux, a toujours joui d'une excellente santé, troublée cependant depuis quelques années par des douleurs de reins qu'il croyait être rhumatismales.

Je lui fis suivre le traitement ordinaire des eaux ; c'est-à-dire qu'il prit les vingt-un bains qui composent une saison. Il reçut une dixaine de douches, dirigées principalement sur la région lombaire, et but chaque matin trois ou quatre verres d'eau du bain des Cuvettes. Pendant son séjour à Luxeuil, il n'éprouva pas la moindre douleur.

Peu de jours après sa rentrée chez lui, M. de V. F*** m'écrivit qu'il venait de rendre, sans aucune espèce de douleur, un petit calcul de la grosseur d'un haricot ; il me demandait quelques conseils, que je m'empressai de lui envoyer. — Ceci se passait en 1849.

M. de V. F*** revint à Luxeuil en 1850, plutôt, disait-il, par reconnaissance pour nos eaux que par nécessité, parce qu'il avait joui d'une excellente santé depuis un an. Il prit ses vingt-un bains, quelques douches, ses trois ou quatre verres d'eau par jour, et retourna chez lui.

Comme l'année précédente, je reçus une lettre de M. de V. F***, dans laquelle il m'annonçait qu'il venait de rendre un nouveau calcul, de la même manière que le premier, et tout aussi gros. Dans le courant de l'hiver, une troisième lettre m'apprit qu'il en avait encore rendu un nouveau, semblable aux deux précédents, et sans douleur.

J'ai vu le premier de ces calculs, qui est de couleur grise, et dont la base est le phosphate ammoniaco-magnésien. Il est probable que les deux autres sont composés des mêmes principes.

Ce malade, encouragé par ces heureux résultats, m'annonce sa visite à nos eaux pour la saison prochaine.

AFFECTION CHRONIQUE DE L'UTÉRUS.

— 1847. —

Mme M***, âgée de trente-deux ans, d'une constitution forte, d'un tempérament lymphatique, disait avoir été soignée pour une affection rhumatismale des organes de la génération et des voies urinaires.

Le facies de Mme M***, la démarche gênée et l'écoulement leucorrhéique qu'elle présentait depuis son unique accouchement, datant de trois ans, me firent soupçonner quelque lésion de l'organe utérin. Elle n'avait pas voulu se soumettre à l'examen de son médecin; mais une sage-femme qui l'avait touchée déclara d'une manière vague qu'il y avait de l'inflammation.

Deux jours avant son arrivée à Luxeuil, elle avait souffert plus que d'habitude. Je palpai la région utérine à travers les parois du bas-ventre; je n'y trouvai ni douleur ni gonflement. Je n'en déclarai pas moins à son mari que je croyais cet organe malade. Il m'engagea à m'en assurer par le toucher. Je trouvai le globe utérin abaissé, le colporté très en arrière, entouré d'un bourrelet considérable et d'une dureté squirrheuse ; il était entr'ouvert et laissait échapper un fluide abondant, assez consistant et de couleur jaune.

J'ordonnai des bains tempérés d'une heure, en boisson de l'eau peu minéralisée (de la fontaine d'Hygie). Après le sixième bain, la malade se trouvait mieux. Cependant l'utérus était tout aussi bas, le col à peu près dans le même état ; mais le toucher ne déterminait aucune douleur.

Je prescrivis des douches sur le bas du dos, le bassin et les cuisses ; des bains préparés avec l'eau ferrugineuse et celle du bain des Dames ; l'eau ferrugineuse en boisson, et des douches locales de cette dernière eau.

J'examinai la malade après le douzième bain ; je trouvai une amélioration sensible : l'utérus était remonté et son col revenu plus en avant, le bourrelet avait beaucoup diminué de volume et de dureté. Cette dame m'assura aussi que son écoulement était moins fort et moins coloré. Son teint ne présentait plus cette couleur paille que l'on remarque si souvent dans ce genre d'affection. Toutes les fonctions se faisaient mieux.

Nous continuâmes le même traitement pendant une dizaine de jours encore. A cette époque, le toucher me convainquit de la prochaine guérison de ma malade. Le col était à peu près à l'état normal, l'écoulement avait entièrement cessé. Le lendemain, la menstruation eut lieu sans être, comme auparavant, précédée de douleurs et de malaise.

J'ai revu cette dame deux ans après, jouissant de la plus brillante santé.

MÉTRITE CHRONIQUE

(HYPERTROPHIE DE L'UTÉRUS).

— 1846. —

Mme R***, âgée de quarante ans, d'une constitution forte, d'un tempérament sanguin, n'a aucun état et vit dans l'aisance. Une lettre de son médecin me signalait l'état suivant : Métrite qui datait déjà de quelques années; l'utérus présentait un engorgement volumineux, quadruple du volume normal; le col était à peu près effacé, l'orifice dilaté, béant, et son pourtour parcouru par des végétations excoriées qui exhalaient sans cesse un mucus abondant. Mon confrère pensait qu'aucun virus n'entrait dans les causes de cette affection.

Prescription : Bains tempérés d'une heure; eau du bain des Cuvettes en boisson, deux verres d'abord, pour arriver progressivement à en boire de quatre à cinq verres; tous les jours, augmenter la durée du bain de manière à y rester deux heures; douches utérines avec l'eau du bain des Dames.

Au bout de cinq jours, j'examinai cette malade, qui se croyait un peu mieux; je la trouvai à peu près dans le même état.

J'ordonnai des douches à un seul jet sur la partie postérieure du tronc, le bassin et les cuisses. Ces douches furent portées successivement de cinq minutes à quinze.

Après le douzième bain, nouvel examen ; cette fois je trouvai un mieux sensible : l'engorgement me parut avoir beaucoup diminué, le col de l'utérus était mieux formé, les végétations s'étaient affaissées, l'écoulement du mucus qu'elles fournissaient si abondamment n'existait presque plus. La santé générale paraissait très-bonne. Je l'examinai de nouveau au vingtième bain : l'amélioration était plus grande encore. La malade, à laquelle je voulais faire prendre quelques jours de repos, ne se sentant pas fatiguée, désira continuer ; ce qu'elle fit encore pendant huit jours. La menstruation étant survenue, elle cessa de prendre les bains et les douches, mais elle continua à boire de l'eau minérale pendant les cinq jours que dura l'écoulement menstruel. L'ayant examinée, je la trouvai dans un état très-satisfaisant : l'utérus était presque revenu à son volume normal, le col était bien prononcé, plus d'ulcérations, par conséquent, cessation de l'écoulement qui en provenait ; santé générale parfaite.

Cette dame, qui est de Lyon, avait bien quelque désir de continuer l'usage des eaux pendant douze au quinze jours encore, afin de n'être pas obligée de revenir une deuxième fois ; mais, le mauvais temps étant survenu, elle se décida à partir.

Je l'ai revue chez elle l'année suivante ; elle m'assura, ainsi que son médecin, que la guérison était parfaite.

Je pourrais ajouter un grand nombre de guérisons à celles que je viens de présenter ; mais j'espère que les

quelques cas que je viens de citer convaincront mes confrères des heureux résultats qu'on a lieu d'attendre de
l'action des eaux thermo-minérales de Luxeuil, dans
beaucoup de maladies où les agents thérapeutiques ordinaires échouent très-souvent.

J'ai cru devoir ne rapporter que des observations de
maladies dont la terminaison a été heureuse. Le lecteur
verra, en jetant les yeux sur le tableau synoptique suivant, dans quelle proportion se trouvent les guérisons,
les améliorations, ainsi que le nombre des malades qui
n'en ont éprouvé aucun soulagement.

TABLEAU SYNOPTIQUE

DES MALADIES QUE J'AI TRAITÉES AUX EAUX DE LUXEUIL
de 1845 à 1850.

	Désignation des Maladies.	NOMBRE DE MALADES			
		Par chaque espèce de maladie.	Guéris.	Soulagés.	Partis dans le même état qu'à leur arrivée.
1	Gastrites et Entérites chroniques.	93	29	46	18
2	Catarrhes de la vessie.	10	5	2	3
3	Blénorrhées chroniques.	10	5	3	2
4	Leucorrhées.	33	16	12	5
5	Contractures musculaires.	9	5	3	1
6	Rhumatismes musculaires chroniques.	74	30	30	14
7	Rhumatismes erratiques.	47	18	20	9
8	Rhumatismes fibreux.	103	42	38	23
9	Névroses.	58	10	33	15
10	Gastralgies et Entéralgies.	55	14	27	14
11	Hystéries.	34	4	22	8
12	Hypochondries.	13	1	2	10
13	Sciatiques chroniques.	26	11	10	5
14	Paraplégies.	26	6	14	6
15	Hémiplégies.	31	6	19	6
16	Rachitismes.	7	0	2	5
17	Atrophies des membres.	8	1	2	5
18	Ulcères scrofuleux.	19	5	8	6
19	Engorgements glanduleux.	10	5	2	3
20	Tumeurs blanches.	9	1	4	4
21	Dartres.	18	5	9	4
22	Chloroses.	14	5	7	2
23	Hémorragies utérines passives.	7	2	5	0
24	Aménorrhées, Dysménorrhées.	22	9	11	2
25	Hépatites chroniques.	36	16	12	8
26	Splénites chroniques.	7	3	3	1
27	Myélites.	20	3	10	7
28	Métrites chroniques.	23	5	9	9
29	Ankyloses incomplètes.	9	1	5	3
30	Entorses ou suites d'Entorses.	27	12	13	2
31	Affections calculeuses.	4	2	2	0
32	Dysuries.	8	4	3	1
33	Spermatorrhées.	5	2	2	1
34	Déplacements de l'utérus.	8	3	2	3
		883	286	392	205

Hommes. . . . . 411 }
Femmes. . . . . 472 } 883

PROMENADES

Si l'usage des eaux de Luxeuil est la principale cause des nombreuses guérisons qu'on y obtient chaque année, il faut bien admettre aussi, comme un puissant auxiliaire de leur action salutaire, l'heureuse situation dont la nature a doué son établissement thermal.

Le mouvement en plein air doit être considéré comme un des éléments qui assure le succès d'un traitement par les eaux minérales. Il est donc nécessaire, pour arriver plus sûrement à d'heureux résultats, que les malades qui ne peuvent aller qu'à une petite distance puissent trouver des promenades d'un accès facile, où ils respirent un air pur et frais, et dans lesquelles de beaux ombrages les mettent à l'abri d'un soleil trop brûlant. Quel établissement présente ces inappréciables avantages plus que celui de Luxeuil?

Outre le magnifique jardin des bains, on trouve, à quelques pas des habitations, des forêts percées de belles allées et de jolis sentiers qui conduisent à de beaux points de vue ou à des fontaines naturelles d'où s'écoulent une eau limpide, formant des ruisseaux qui se portent dans toutes les directions.

Les promeneurs qui aiment les fleurs et cultivent la botanique peuvent satisfaire leur goût dans nos campagnes si heureusement accidentées, présentant de tous côtés des collines boisées, des champs cultivés ou de belles prairies. Cette variation dans la distribution du sol fournit aux amateurs une flore dont la richesse est inépuisable. Il est dommage que la saison des eaux ne coïncide pas avec la floraison des cerisiers répandus avec profusion dans les campagnes environnantes, pour la confection du kirsch, une des plus productives industries du pays. Rien ne peut rendre l'admirable aspect de cette innombrable quantité d'arbres en fleurs, vers l'approche du mois de mai. Aussi n'est-il pas rare de voir des étrangers arriver à cette époque de l'année, dans le seul but d'admirer ce magnifique spectacle et respirer le parfum dont l'air est embaumé à une grande distance.

Les cinq grandes routes qui aboutissent à Luxeuil sont elles-mêmes de belles et gracieuses promenades, toujours sèches, garnies de beaux arbres et conduisant aux villages disséminés dans la campagne.

Les personnes qui aiment les excursions plus lointaines trouveront aussi, dans un rayon de quelques kilomètres, des endroits intéressants tant sous le point de vue historique que sous celui du pittoresque. Je vais en indiquer quelques-uns de ceux qui méritent le plus leur attention.

EXCURSION A FAUCOGNEY.

Faucogney, à dix-sept kilomètres à l'est de Luxeuil, est une petite ville à l'entrée des Vosges, où déjà on trouve l'aspect des montagnes de la Suisse. Avant d'y arriver, nous avons plusieurs endroits curieux à visiter.

Immédiatement en sortant de Luxeuil, on est placé sur un terrain élevé, d'où la vue découvre une riche campagne encadrée par des collines parées de la plus belle végétation. Ce beau paysage est terminé par les hautes montagnes du Jura et des Vosges. A un kilomètre à droite de la route on aperçoit le village de Froidecouche (1), baigné par le Breuchin. En face, à gauche, on voit la belle filature de M. Vergain, appuyée aux collines ondoyantes du bois du Bancy.

En continuant la route, on arrive au hameau de la Courveraine, sur la gauche duquel on aperçoit un moulin qui reçoit l'eau d'un canal que les pères Bénédictins firent creuser pour amener de l'eau dans le centre de la ville. Un peu plus loin, le chemin cotoie le Breuchin, dont les eaux, brisées par les rochers, semblent animer le paysage. Sur le bord de la rivière on voit la prise d'eau qui alimente les fontaines de Luxeuil. A quatre kilomètres de là, on arrive à deux villages placés en face

---

(1) Dans un défrichement qui se fait tout près de ce village, on vient de découvrir, à la profondeur d'un mètre, une statuette en bronze de 12 centimètres de hauteur, représentant Hercule avec tous ses attributs.

l'un de l'autre. Celui de droite est Breuchotte, où l'on remarque un grand bâtiment renfermant un établissement de tissage. Le village situé à gauche est Radon, où l'on aperçoit de grandes constructions ; c'est une des papeteries de MM. Desgranges, laquelle a fourni pendant longtemps le papier du journal le *Moniteur*.

Les personnes curieuses de voir fabriquer le papier *sans fin* (ou continu) n'ont qu'une petite distance pour arriver à la papeterie de Saint-Bresson, appartenant aussi à MM. Desgranges, qui se font un plaisir de laisser visiter leur bel établissement, où l'on voit comment on arrive, en quelques minutes, à transformer le chiffon en ce beau papier destiné à traduire les tableaux des grands maîtres. On est frappé d'admiration en voyant fonctionner ces merveilleuses machines, dont l'invention fait tant d'honneur à la mécanique moderne.

Un peu au-delà est le village de Saint-Bresson, près duquel sont des mines de plomb et des carrières de beau granit, qui ne sont plus exploitées. On a trouvé dans ce village des restes d'antiquités romaines.

Après avoir visité la papeterie de Saint-Bresson, on retourne prendre la grande route pour se rendre à Faucogney. Mais les promeneurs qui aiment les excursions dans les montagnes envoient leur voiture les attendre à Breuche, et se dirigent dans l'est. Après avoir gravi et descendu plusieurs montagnes, ils arrivent à l'ermitage de Saint-Colomban, placé sur un rocher à l'extrémité duquel coule une belle source. C'est dans cette majestueuse solitude que ce saint personnage, lorsqu'il habitait Annegray, venait se livrer à la prière et à la méditation. Une légende rapporte que saint Colomban trouva un jour près de la source un ours qui s'y désaltérait, auquel il signifia de lui céder la place. Voici une variante rapportée par l'abbé Fleury, dans son *Histoire ecclésiastique* :

« Comme saint Colomban était accoutumé de se pré-
« parer aux fêtes par une solitude plus étroite que celle
« d'Annegray, il choisit pour cet effet une caverne dont
« il avait chassé un ours, à sept milles environ d'Anne-
« gray. Il y fit sortir une fontaine par ses prières. »

Ceux qui ne se sentent pas disposés à faire à pied cette promenade, assez fatigante, à travers la montagne, et qui cependant désirent visiter l'ermitage en question, peuvent mettre pied à terre à Breuche, d'où ils n'ont à faire qu'une ascension de dix à douze minutes pour y arriver. Ils reviennent ensuite reprendre leur voiture pour se rendre à Faucogney.

La petite ville de Faucogney, célèbre dans les annales franc-comtoises, est placée au pied de montagnes escarpées, sur la plus voisine desquelles existent encore quelques vestiges d'un château-fort, où les bourgeois réunis aux soldats de la garnison, commandés par un sieur Ravira, se défendirent courageusement, pendant deux jours, contre des forces supérieures sous les ordres d'un des généraux de Louis XIV, le marquis de Rénel, qui déjà s'était emparé de Lure et de Luxeuil. Cette défense héroïque, à laquelle les femmes et même les enfants prirent part, coûta la vie à plus de trois cents des assaillants.

Dans ces deux journées d'extrêmes périls, les bourgeois se montrèrent plus résolus et plus dévoués à la monarchie espagnole que les troupes, qui abandonnèrent lâchement les remparts pour se retirer au château, laissant les postes les plus dangereux aux pauvres habitants, qui les défendirent vaillamment, quoique sans artillerie. La résistance fut telle, que les vainqueurs rendus furieux ne firent aucun quartier; et, après avoir pillé la ville, ils l'incendièrent. Les femmes, qui s'étaient réfugiées dans l'église, y furent outragées et quelques-unes égorgées. L'histoire rapporte que de pauvres vieilles femmes, dont une âgée de cent deux ans, ne trouvèrent pas grâce devant la brutalité de cette soldatesque exaspérée par cette belle défense, qui eut lieu les 3 et 4 juillet 1674.

Les objets d'antiquité qu'on a trouvés dans différentes fouilles annoncent que les Romains y avaient quelques établissements à l'époque où Luxeuil florissait sous leur domination.

Après le repas, dans lequel figurent toujours les excellentes truites et les écrevisses du Breuchin, on a le choix de deux charmantes promenades : l'une, à quatre kilomètres au-delà de Faucogney, à Coravillers, où on est obligé de gravir le Mont-de-Fourche, au haut duquel on est amplement dédommagé de cette pénible ascension, par la vue d'une magnifique vallée parsemée de prés, de champs cultivés, de bois, de fermes isolées ou agglomérées pour former de beaux villages. Le côté de la montagne opposé à ce délicieux vallon offre un paysage aride et sauvage, qui fait d'autant plus ressortir le gracieux de celui qu'on vient de quitter.

Les visiteurs choisissent ordinairement l'autre promenade, qui est plus rapprochée, et se dirigent vers la montagne de Saint-Martin, sur le sommet de laquelle est situé le cimetière de la commune de Faucogney, dont le milieu est occupé par une antique chapelle.

Du haut de cette montagne on a une vue magnifique du côté de l'ouest, où l'on découvre à perte de vue la belle vallée parcourue depuis Luxeuil et fertilisée par les nombreux contours du Breuchin.

Au-dessous de la montagne, au sud, on aperçoit le village d'Annegray, où saint Colomban et ses compagnons trouvèrent un asile avant de venir s'établir sur les ruines de Luxeuil. Il ne reste plus de traces du château qui accueillit ces apôtres de la civilisation et de la foi. Annegray n'offre plus rien de remarquable que sa jolie situation au milieu d'un vallon où croissent les cerisiers qui fournissent le meilleur kirsch du pays.

En revenant à Luxeuil, un peu après avoir dépassé Breuche, on rencontre Sainte-Marie et, un peu plus loin, Amage, deux villages où n'avaient point passé les promeneurs qui avaient traversé la montagne pour visiter l'ermitage de Saint-Colomban. On remarque une jolie fontaine dans le premier. Quant à Amage, il n'offre rien à la curiosité du voyageur, que la prétention d'avoir été l'ancienne Amagétobrie. Mais ce petit village, situé dans une étroite vallée, n'a rien de commun avec l'*Amagétobrie* où Arioviste, roi des Suèves, appelé au secours des Séquanois contre les Eduens, défit ces derniers, qui, comme le rapporte César, perdirent dans cette désastreuse journée *omnem nobili-*

tatem, omnem senatum, omnem equitatum. Quelques historiens fondent cette supposition sur l'analogie des noms et sur l'existence des restes de l'ancien retranchement placé en face, de l'autre côté de la rivière, près duquel se trouve aussi un tumulus qui, dit-on, n'a point encore été fouillé.

PROMENADE A L'ERMITAGE DE S.-VALBERT.

Un homme distingué par la naissance et le rang auquel l'avait élevé le roi Dagobert, dont il fut un des premiers officiers, entouré des prestiges de l'opulence et de la gloire, renonçant à cette haute et brillante position, vint chercher le repos et le calme de l'ame dans le monastère de Luxeuil, où l'avait devancé saint Eustase, son ami et son ancien compagnon d'armes. Cet homme, qui a laissé de si profonds souvenirs que douze siècles n'ont pu les effacer, était saint Valbert. Il quittait souvent son monastère pour se retirer vers une retraite où, seul, au milieu d'une nature calme et tranquille, il pouvait, dans le silence, élever son ame et converser de plus près avec le ciel. Quel endroit pouvait mieux convenir à ce saint cénobite que ce lieu placé au milieu d'épaisses forêts, au-dessus d'une profonde vallée couronnée de rochers et de monts escarpés, d'où se précipitaient des eaux fraîches et limpides, et qui, à travers tant de siècles, a conservé son nom ?

C'est dans cette solitude qu'à la mort de saint Eustase une députation des religieux du pieux asile fondé par saint Colomban vint le prier d'accepter la direction de leur monastère, poste éminent où l'appelaient ses hautes vertus et les vœux de la communauté.

Deux chemins se présentent pour se rendre à l'ermitage de Saint-Valbert : l'un à travers le bois du Bancy, l'autre par la grande route de Fougerolles. Le premier est celui le plus ordinairement préféré. On passe tout près de la filature de M. Vergain, pour entrer dans le bois, où, sans beaucoup se déranger, on peut visiter les trois fontaines qui s'y trouvent, celle des *Moines,* presqu'en entrant à droite, et un peu plus loin celle des *Bons-Cousins;* la fontaine *L'évêque* se trouve à gauche. Après avoir suivi la grande tranchée, on arrive au village de Saint-Valbert, qui n'offre rien de curieux, et un peu au-delà on se trouve sur la jolie terrasse de l'ermitage.

Cet ermitage appartient maintenant au petit-séminaire de Luxeuil, qui l'a fait restaurer depuis peu de temps. Les élèves s'y rendent fréquemment dans la belle saison, accompagnés de leurs professeurs, et s'amusent à l'embellir par des travaux de terrassement qui, tout en les amusant, entretiennent leur santé et développent leurs forces. Ils ont ménagé des repos et distribué des cabinets de verdure, pour offrir l'hospitalité aux nombreux visiteurs qui s'y rendent continuellement pendant la saison des eaux.

Cette champêtre retraite consiste en une chapelle, près de laquelle jaillit une fontaine au milieu d'une voûte taillée dans d'énormes blocs de grès. La limpidité de cette eau invite à s'y désaltérer ; mais il serait dangereux d'en boire, surtout si l'on avait bien chaud, à cause de sa trop grande fraîcheur. Il vaut mieux y faire rafraîchir le vin du repas qu'on ne manque guère de faire dans cette charmante solitude. Derrière la maison du gardien, il y a un assez beau jardin entouré de murs. Mais l'objet, but de ce pèlerinage, c'est la grotte de Saint-Valbert, pratiquée dans le roc, à laquelle on parvient en descendant quelques marches ; sur le mur, à droite en entrant, on lit l'inscription suivante :

Valbert, noble Sicambre,
Favori des rois, illustre guerrier,
Vicomte de Meaux, comte de Ponthieu, (1)
Fuyant les honneurs du monde,
Vint dans cette grotte profonde
Se consacrer à Dieu.

(*Circa an. Dom.* 630.)

Une sculpture grossière représente ce saint anachorète à genoux, dans l'attitude de la prière. Le Saint-Esprit et l'autel taillés dans le rocher ne sont pas plus

(1) Il était Sicambre d'origine, fils d'un des chefs francs qui se partagèrent les Gaules après en avoir expulsé les Romains. Il naquit à Nanteuil-le-Haudoin, près de Meaux. Possédant de grandes richesses, il avait légué à son monastère plusieurs objets précieux, entre autres une coupe d'une seule topaze, entourée de pierreries. Cette coupe précieuse a disparu depuis longtemps ; mais on a pu en conserver une en bois, garnie d'un cercle en argent, qui servit, dit-on, à saint Valbert, et dans laquelle on faisait autrefois boire les fiévreux, qui ayant foi à la vertu de cette sainte relique obtenaient leur guérison. Cette coupe antique est conservée au séminaire, où le supérieur s'empresse de la montrer aux personnes qui désirent la voir. (Voyez *Un Souvenir à Saint-Valbert*, par M. Clerc, professeur au séminaire de Luxeuil.)

artistement traités. Autrefois les pèlerins y affluaient pour venir prier et demander la santé, qu'on ne manquait pas de recouvrer, dit-on, en restant couché sur l'autel pendant la célébration de la messe.

De la terrasse on a une vue des plus grandioses. Mais on l'a encore beaucoup plus étendue en se plaçant sur les monticules qui sont au-dessus et derrière les constructions. De là on aperçoit la profonde vallée qui est dessous, sur la gauche une immense plaine boisée parsemée de villages, de maisons isolées, et à l'ouest de ce vaste horizon on découvre, quand le temps est beau, les tours de Langres, bien qu'à douze lieues de distance.

PROMENADE A FOUGEROLLES

ET AU VAL-D'AJOL.

Pendant la floraison des cerisiers, c'est surtout la route de Fougerolles qui devient la promenade favorite des habitants de Luxeuil. Mais, quelle que soit l'époque de l'année, elle offre toujours des points de vue les plus pittoresques (1). La commune de Fougerolles compte de six à sept mille habitants, disséminés sur une grande

(1) Des endroits élevés de cette route, ainsi que de celle de Fontaine, à l'approche d'un temps de pluie, on aperçoit quelquefois une partie de la chaîne des Alpes, surtout le mont Blanc, bien qu'à la distance de plus de 200 kilomètres.

étendue de terrain. Les maisons qui forment le village sont peu nombreuses ; les autres habitations sont cachées dans des bouquets d'arbres, et ne décèlent leur présence que par les colonnes de fumée qui s'élèvent au-dessus. C'est dans cette localité et les communes environnantes que croissent les millions de cerisiers qui, chaque année, répandent dans le commerce 4 à 5 mille hectolitres de kirsch. Cette commune est aussi celle qui produit la plus grande quantité des divers fruits qui se consomment dans le pays.

Fougerolles, distant de 8 kilomètres de Luxeuil, est placé sur la limite du département, que la jolie rivière la Combeauté sépare de celui des Vosges.

Il ne présente à la curiosité des voyageurs que la pittoresque distribution de ses habitations au milieu des bois. On dit que c'est la race la moins mêlée des anciens Séquanais, dont beaucoup se réfugièrent au fond des forêts pour se soustraire à la fureur des hordes barbares qui ravagèrent le pays à différentes fois dans les premiers siècles de l'ère chrétienne.

A peu de distance de Fougerolles, sur la gauche de la belle vallée dans laquelle coule la Combeauté, on remarque sur la montagne un vieux château féodal, qui, autrefois, était le séjour des seigneurs du pays, et qui maintenant appartient à M. Vergain, maire de Luxeuil.

Du haut de ce vieux manoir on aperçoit une grande partie de la vallée au-dessus de laquelle il est placé. En continuant de parcourir ce délicieux vallon, ressemblant plutôt à un parc anglais qu'à un terrain agricole, on arrive au Val-d'Ajol, grand et beau village d'une extrême propreté, placé au milieu et donnant son nom à une des plus magnifiques vallées de notre belle France.

Sur la montagne en face est située la terrasse de la Feuillée, un des rendez-vous les plus recherchés des baigneurs de Luxeuil et de Plombières. On y arrive par une route facile, pratiquée à grands frais dans la montagne.

Comment décrire le grandiose du tableau qui frappe l'œil du spectateur placé·sur cette terrasse! De là, on découvre, à une immense distance, de vastes forêts, des montagnes couvertes de noirs sapins, de chênes, de hêtres, de charmes, avec leur feuillage aux nuances diverses. Les parties basses de cette riche vallée offrent aux regards des fermes isolées, des fabriques, des villages, de beaux pâturages, des champs d'une culture variée, que fertilisent les irrigations fournies par la jolie rivière qui, par ses nombreuses sinuosités, anime cet admirable paysage.

Les visiteurs apportent ordinairement de quoi faire un dîner champêtre à la buvette élevée sur cette terrasse. Ceux qui se contentent d'un repas plus frugal trouvent dans ce petit établissement des œufs frais, du laitage, de la pâtisserie, des rafraîchissements, etc. Quand enfin arrive l'heure de la retraite, on ne quitte ces lieux enchanteurs qu'avec l'intention de venir les visiter encore.

Beaucoup de baigneurs, après cette excursion, vont visiter Plombières, qui en est assez proche, et jouissent encore de la vue des beaux paysages que l'on rencontre sur la route qui ramène à Fougerolles.

PROMENADE A FONTAINE

ET A LA FORÈT DE LA GABIOTTE.

Cette promenade se fait ordinairement à pied, parce qu'elle n'est éloignée que de cinq à six kilomètres de Luxeuil.

Avant d'arriver à Fontaine, on se trouve placé sur un terrain élevé, d'où l'on découvre une vaste plaine parsemée de nombreux villages, dont les campagnes bien cultivées annoncent une laborieuse population. On assure que l'empereur Napoléon avait eu l'intention de faire construire en cet endroit un château impérial et d'y établir un camp, dans la prévision d'une invasion étrangère. Près de là, sur la route, on rencontre une carrière en voie d'exploitation, où une eau excellente coule continuellement à travers les fissures de la pierre; ce qui rappelle la *roche qui pleure* au souvenir de ceux qui connaissent la forêt de Fontainebleau.

Au-dessous de cette élévation, on aperçoit Fontaine, beau village de mille à douze cents habitants. Autrefois il s'y trouvait un prieuré dépendant de l'abbaye de Luxeuil, que saint Colomban fonda en 591. Cet ancien prieuré, devenu propriété particulière, vient d'être acheté récemment par M. Marquiset, homme de beaucoup de goût, qui l'a restauré et transformé en une espèce de joli castel. Pendant les travaux de terrassement, on a trouvé des pierres tumulaires dont quelques-unes ressemblent à celles qu'on découvre à chaque instant à Luxeuil, et qui indiquent que là aussi le culte païen avait été remplacé par celui du christianisme.

Ceux qui se contentent de la vue de Fontaine de dessus le tertre qui le domine, s'enfoncent à droite dans la forêt de la Gabiotte, comprise dans le triangle formé par la route de Fougerolles, celle de Fontaine et la rivière la Combeauté. Ils y trouvent de frais ombrages et de belles allées. Au milieu de cette riche végétation on rencontre un grand nombre de ruisseaux et de fontaines qui font le charme et l'ornement de toutes les forêts qui nous entourent. La Gabiotte renferme la fontaine des Romains, de César, des Trois-Fontaines, d'Apollon, du Miroir et la fontaine Clerc. On en trouve aussi beaucoup d'autres qui ne sont désignées par aucun nom, surtout aux environs du rocher de la Combeauroche, lieu sauvage, mais de l'aspect le plus pittoresque, dont je vais emprunter la description à la plume élégante et spirituelle de M. Armand Marquiset, auteur de la *Statistique historique de l'arrondissement de Dole*. On lira avec plaisir cette description, à laquelle l'auteur a su mêler une légende sur saint Colomban, et une autre rappelant les fredaines d'une espèce de Robin-des-Bois, histoire fantastique dont on trouve les analogues dans tous les pays de forêts.

« Parmi les curiosités naturelles de Fontaine, il ne faut pas oublier d'aller visiter la Cambeauroche, colossal rocher dont la croupe informe, suspendue aux flancs d'une montagne, se dessine au milieu du bois de la Grande-Gabiotte, à moitié chemin à peu près de ce village à l'ermitage de Saint-Valbert, pieuse solitude cachée dans les arbres et la mousse, et du haut de laquelle la vue plonge sur un paysage riche et varié. La pierre de Combeauroche présente, à sa base, une excavation en forme de four, qui sert d'abri pendant l'orage aux bûcherons et aux voyageurs. Le diable, dit-on, vint un soir rôder près de ce lieu; il était à la piste de saint Colomban, qui cherchait alors au milieu des forêts et des vallons déserts un site propre à l'établissement de son troisième monastère. En l'apercevant, saint Colomban se mit à sa poursuite; mais le malin esprit fuyait avec la rapidité de la flèche. Arrivé près de la Combeauroche, qui semblait lui barrer le passage, le diable, sans s'inquiéter de ce formidable obstacle, franchit le rocher d'un seul bond, ce que le saint ne put faire, et disparut à travers la feuillée en poussant de longs ricanements. On montre encore aujourd'hui, comme preuve de cette monstrueuse enjambée, l'empreinte d'un des pieds du chef de la milice infernale, enfoncé dans le roc.

« En général, tout ce que l'on voit d'extraordinaire, d'incroyable même, passe toujours dans l'opinion des villageois pour l'œuvre d'une intelligence séraphique ou diabolique. Ainsi, par exemple, nous avons à Fontaine, comme dans les autres départements du Doubs et du Jura, des sylphes, des dames blanches, des loups-garous et des chasseurs sauvages. On ne les voit pas, il est vrai; mais on croit les voir, et, pour ceux qui aiment le merveilleux, c'est à peu près la même chose.

« Il existe, nous a-t-on dit, au plus profond du Grand-

Bois, un esprit follet dont la demeure habituelle est dans le tronc d'un vieux chêne ou dans le creux d'un rocher; il ne sort jamais de sa mystérieuse retraite qu'après le coucher du soleil, à la manière des chauves-souris ou des hiboux. Le costume qu'il préfère est celui d'un chasseur de nos contrées. Une blouse bleue, serrée à la taille par une ceinture de cuir, fait ressortir ses formes sveltes, élancées, gracieuses, et il s'appuie avec aisance sur une longue carabine; sa tête est couverte d'un feutre gris à larges bords, qui ne permet pas de distinguer les traits de son visage, et ses yeux, dont les étincelles se détachent dans l'ombre, trahissent seuls sa féerique origine. Le sylphe du Grand-Bois apparaît quand l'orage se montre à l'horizon et que déjà le vent siffle dans les arbres; il se tient le plus souvent sur la lisière du taillis et le long de la grande route ou des chemins les plus fréquentés; ses chiens se sont perdus en courant un lièvre ou un chevreuil; dans sa détresse trompeuse, il les cherche avec inquiétude, il les appelle à gorge déployée, et ses cris font retentir tous les échos du voisinage. C'est alors que si un passant attardé se laisse prendre à ce piège et se jette dans la forêt pour prêter aide et secours à ce chasseur désolé, c'est alors que le malin esprit l'attire de sa voix la plus douce, la plus caressante, puis l'entraîne au lieu le plus obscur du bois, où il se dissipe aussitôt en poussant des plaintes étranges, après avoir égaré le campagnard pâle de peur et d'effroi. Un habitant de Fontaine a vu et entendu le sylphe du Grand-Bois; sa frayeur a été si horrible, qu'il s'est pris à courir comme un fou et s'est élancé, la tête perdue, dans un four entr'ouvert, où il serait encore si un des valets de la ferme prochaine ne l'eût aidé à sortir de son étroite prison.

« Peu de gens, heureusement, ont dans les esprits une foi aussi robuste que notre naïf compatriote. Sans cela il faudrait désespérer de la cause de la vérité et de la raison humaine » (1).

Les baigneurs poussent quelquefois leurs excursions jusqu'à Saint-Loup, petite ville à 12 kilomètres de Luxeuil, baignée par la rivière l'Augronne. Sa position parut assez forte aux Romains pour y bâtir un *castrum* qui, plus tard, devint une vaste forteresse dans laquelle les habitants se retirèrent lors de l'invasion d'Attila. Ils osèrent braver la fureur de ce barbare ; mais, victimes de leur courage, ils furent tous massacrés. Cette ville, dans l'antiquité, s'appelait *Granum*, nom qu'elle conserva jusqu'à la mort de saint Loup, évêque de Troyes, qui, par ses prières, arrêta les progrès d'Attila.

Sur le mont Amaran, qui domine la ville, était autrefois un château féodal élevé probablement sur les ruines de l'ancienne forteresse romaine, car on a trouvé dans les fondations l'indestructible ciment qui en est le cachet.

A deux kilomètres de Saint-Loup, vers le sud-ouest, au pied d'une colline gracieuse et boisée, se trouve la source du Planey, l'une des plus curieuses de la France. C'est un gouffre profond, d'environ cent mètres de tour et d'une profondeur inconnue, d'où jaillit une telle abon-

____

(1) Feuilleton du *Journal de la Haute-Saône*, du 19 octobre 1850.

dance d'eau qu'à quelques mètres de son point d'émergence elle met en mouvement un moulin à plusieurs tournants. Cette source roule lentement ses eaux bleues et limpides à travers une prairie d'environ trois kilomètres d'étendue, en y décrivant un assez grand nombre de sinuosités.

Le Planey, après avoir prêté ses eaux à l'usine de Varigney, un des plus riches hauts-fourneaux du département, va se confondre avec la Sémouse et l'Angronne réunies. Dans tout son parcours elle est assez profonde pour porter bateaux. Ses brochets, ses truites, ses énormes écrevisses à pattes rouges sont fort recherchés des gourmets.

Tous les ans, à l'époque des grandes chaleurs, cette petite rivière déborde et inonde au loin la plaine, phénomène attribué à la fonte des neiges dans les montagnes des Vosges, avec lesquelles doit exister quelque communication souterraine. Cette eau ne gèle jamais, même dans les hivers les plus rigoureux. Elle offre constamment quelques degrés de température au-dessus de celle des rivières environnantes, preuve certaine qu'elle vient d'une plus grande profondeur.

Comme tous les sites extraordinaires, celui-ci a donné lieu à de nombreux contes fantastiques, que répètent aux touristes les crédules paysans des environs. En voici un des plus anciens, que je dois à M. Boulaugier, principal du collége de Luxeuil, né sur les lieux, et qu'il a entendu raconter maintes fois dans son enfance :

« Dans les nuits profondes d'hiver ou d'orage, on entend, au petit village de Lapisseur, sortir de la forêt qui longe le Planey, des hurlements de chiens qu'accompagne par intervalles la voix d'un chasseur furieux. C'est le chasseur du Triquet. Ces accents, d'abord vagues, se rapprochent bientôt et deviennent effrayants, mêlés qu'ils sont souvent à l'horreur de la tempête. Parfois ils vont finir vers le Planey; plus fréquemment ils semblent toucher au moulin bâti sur l'Angronne. Alors, les cris de la meute infernale, ceux du chasseur se confondent tout-à-coup avec un bruit semblable à celui de corps pesants tombant dans l'eau. Puis tout cri cesse : chasseur et chiens se sont précipités dans le gouffre. »

Quelques habitants, moins crédules, expliquent ainsi cette légende :

« Au-dessus de la colline qui domine le village, et qu'enserrent si gracieusement l'Angronne et le Planey, se trouvait un château-fort (1), séjour d'un seigneur aussi rude justicier que rude chasseur. Pour lui, les serfs du village étaient chose non-seulement taillable à merci, mais faite pour amuser ses caprices. Redouté pendant sa vie à cause de ses sanglantes cruautés, il devint, ·après sa mort, pour tous ceux qui l'avaient connu, un objet d'épouvante, un fantôme terrible, un chasseur infernal, qui venait se précipiter dans le gouffre où il

---

(1) En 1747, on a trouvé dans les ruines de ce vieux château une statue de Cérès qui fut mutilée en la découvrant. L'autorité la fit transporter à Vesoul, où elle est conservée. Dans ce même endroit, on découvrit, vers 1785, une oreille de taureau en bronze (et non pas le taureau, comme l'a avancé par erreur le savant Dom Grappin). Les antiquaires pensent que ces documents indiquent une de ces ruines de temples païens que renversa saint Colomban dans les environs de Luxeuil.

noyait naguère les malheureux paysans pour la moindre infraction à ses capricieuses volontés. »

Comme nous, le lecteur ne verra, sans doute, dans cette légende, que le talion de la vengeance de Dieu manifestée par l'écho populaire de la tradition.

PROMENADE A LA FORGE DU BEUCHOT.

Cette forge, qui appartient à MM. Demandres, est à six kilomètres de Luxeuil. On peut y aller en passant par Fontaine et suivant une jolie route pratiquée tout le long d'une verdoyante vallée; c'est celle que prennent les voitures. Les personnes qui aiment les promenades pédestres dans les bois passent par la grande tranchée de la forêt des Sept-Chevaux, au bout de laquelle, prenant le sentier à droite, ils arrivent au haut d'un ravin qui domine le bassin dans lequel est située la forge du Beuchot, dont les constructions sont assez nombreuses pour lui donner l'apparence d'un village.

Ce bel établissement métallurgique est placé sur le bord d'un étang qui occupe une grande partie de la vallée. Les collines verdoyantes qui l'entourent en font un paysage des plus pittoresques. C'est du Beuchot, dit-on, que sortirent les premiers boulets de canon; ce qui ferait remonter sa fondation vers l'année 1350, époque de la bataille de Crécy, où les Anglais se servirent les premiers d'artillerie contre l'armée de Philippe VI, dit de Valois.

Le propriétaire et les employés s'empressent de montrer aux étrangers comment on transforme la fonte en barres de fer de différentes dimensions. C'est un spectacle qui excite bien vivement la curiosité de ceux qui voient fonctionner pour la première fois ces énormes martinets, dont le mouvement est plus ou moins accéléré par une force extraordinaire.

PROMENADE A BREUCHE

ET A SAINTE-MARIE.

On arrive à Breuche par une route tracée sur la limite de la forêt des Sept-Chevaux. Sur la droite, on peut entrer dans la lisière du bois et suivre le sentier qui longe la route, ou, lorsqu'il ne fait pas trop chaud, suivre le chemin, d'où l'on a sur la gauche la vue de beaux pâturages au milieu desquels coule le Breuchin. Son bel horizon est formé de collines boisées.

Avant d'arriver à Breuche, on voit à gauche une filature créée depuis quelques années par M. Besançon, qui, comme MM. Desgranges et Vergain, a enrichi le pays d'un de ses plus beaux établissements industriels. Honneur aux chefs de ces établissements, dont l'intelligence et l'esprit d'ordre, tout en étant une source de richesses pour la France, fournissent à des centaines de familles une subsistance assurée, qu'elles ne doivent qu'au travail, ressource qui ne manque jamais à l'homme de bonne conduite et de bonne volonté !

Un peu plus loin que Breuche, on trouve le village de *Sainte-Marie-en-Chaux,* qui ne présente rien à la curiosité qu'une espèce de vieux château, lequel, dit-on, était une ancienne commanderie des Templiers, et qui, par conséquent, remonterait au moins au 13e siècle, avant la destruction de cet ordre de moines guerriers par Philippe-le-Bel. Cette vieille construction, transformée en une vaste ferme, ne présente rien de remarquable que les traces de quelques fenêtres ogivales, qui ont été remplacées depuis peu de temps par des fenêtres carrées, et des murs d'une telle épaisseur, qu'on pourrait y établir des chambres et des escaliers.

Les amateurs d'antiquités peuvent pousser leur promenade jusqu'à Villers-les-Luxeuil, où les Romains avaient assis un camp considérable, dont on trouve encore les traces tout le long de la colline qui domine la gauche du pays. Des fouilles faites dans ce village, à différentes époques, ont mis à découvert, ainsi que sur l'emplacement du retranchement, des objets d'antiquité.

A Ormoiche, près Breuche, on a trouvé aussi des pierres tumulaires comme à Luxeuil. On croit que les Gallo-Romains y avaient un établissement placé à la jonction de la rivière la Lanterne avec le Breuchin.

D'Ormoiche il y a un chemin qui longe la rivière et conduit à la forge du Beuchot dont j'ai déjà parlé. Entre cette forge et le village d'Hautevelle on voit sur la gauche une petite maison de campagne où M. Toillon, ancien pharmacien à Luxeuil, s'est retiré pour se livrer à ses goûts et à l'agriculture. M. Toillon a dessiné de la manière la plus exacte et la plus heureuse tous les objets d'antiquité trouvés dans sa ville natale, et en a formé un bel atlas qu'il s'empresse de montrer aux étrangers. Il vient, dernièrement, de publier des *Recherches sur les monuments religieux de la ville de Luxeuil*, qui font vivement désirer aussi la publication de son curieux atlas.

PROMENADE A BEAUDONCOURT,

A AILLONCOURT ET A VISONCOURT.

Après avoir traversé le pont qui sépare Luxeuil du village de Saint-Sauveur, on arrive sur une belle route, aussi droite que si elle avait été tirée au cordeau, traversant une plaine dans laquelle on aperçoit plusieurs villages.

Beaudoncourt, situé sur la rivière la Lanterne, n'offre rien de remarquable que quelques traces de l'ancienne voie romaine qui communiquait avec Maudeur *(Epamauduodurum)*. Cette voie est plus visible à Ailloncourt que sur les autres points de son tracé. On a trouvé des restes d'antiquité dans ce village. Il possédait aussi un château féodal qui a entièrement disparu.

De Beaudoncourt on peut prendre le petit chemin vicinal qui conduit à Visoncourt, joli village où il y a une source d'eau thermale peu minéralisée. Les Romains, dont le camp retranché de Villers-les-Luxeuil était voisin, y avaient établi des thermes. Ces bains, détruits par les bandes barbares d'Attila, n'ont jamais été rétablis. On a trouvé dans ce village et les environs beaucoup de médailles romaines.

On peut aussi de Beaudoncourt prendre le petit chemin qui conduit au village de La Chapelle et à celui d'Ailloncourt, où on a trouvé des ruines romaines. Un peu au-delà d'Ailloncourt on arrive sur la route de Lure, près du village de Quers, où l'on fabrique des mousselines et des percales. On croit que les Romains y avaient un établissement, et que son étymologie vient de *quercus*, parce qu'il est placé au milieu d'une forêt de chênes.

On revient à Luxeuil sur cette belle route, de chaque côté de laquelle se trouvent les bois de La Chapelle et de Saint-Sauveur, d'une grande richesse de verdure due aux nombreux étangs qu'ils renferment.

Des promenades moins fatigantes et beaucoup plus rapprochées que celles dont je viens de parler se présentent à toutes les issues de Luxeuil aux personnes à qui leur santé ne permet pas les longues excursions.

Fin

TABLE DES MATIÈRES.

FIN DE LA TABLE.

9 782329 160467